U0865337

新疆棉花水肥药
一体化超高产栽培模式

主　编　陈　志　黎玉华　戴爱梅

副主编　陆俊吉　李月玲　张淑莹　张　艺

西北农林科技大学出版社
Northwest A&F University Press

·杨凌·

图书在版编目（CIP）数据

新疆棉花水肥药一体化超高产栽培模式 / 陈志，黎玉华，戴爱梅主编. -- 杨凌：西北农林科技大学出版社，2024. 7. -- ISBN 978-7-5683-1442-8

Ⅰ. S562

中国国家版本馆CIP数据核字第2024GL4627号

新疆棉花水肥药一体化超高产栽培模式

陈　志　黎玉华　戴爱梅　**主编**

出版发行	西北农林科技大学出版社		
地　　址	陕西杨凌杨武路3号	**邮　编**	712100
电　　话	总编室：029-87093195	发行部：	029-87093302
电子邮箱	press0809@163.com		
印　　刷	西安浩轩印务有限公司		
版　　次	2024年7月第1版		
印　　次	2024年7月第1次印刷		
开　　本	889mm × 1194mm　1/32		
印　　张	7.375		
字　　数	120千字		

ISBN 978-7-5683-1442-8

定价：36.00 元

本书如有印装质量问题，请与本社联系

前　言

关于棉花种植的书籍很多，但是，要么过于专业，要么难以应用。许多棉农忙于农事，看书的时间本就不多，如此，很多书籍就失去了其应用价值。

事实上，对于大多数棉农来说，他们无论文化高低，每天都在讨论棉花高产的种植方法。他们也愿意花些时间通过阅读有关书籍去学习和掌握棉花栽培技术，但苦于找不到适合他们阅读的图书。因此，编写一本可读性强的棉花栽培科普读物就是我们的编写初衷。

新疆是我国棉花主产区。我们编写《新疆棉花水肥药一体化超高产栽培模式》就是想将新疆棉农看不懂的东西和专业术语，用他们能够看懂的方式表达出来。所以本书在内容上注重实用，追求科学性与普及性的统一。

本书共分七章：第一章介绍棉花的基本知识，第二章和第三章介绍肥料与农药的知识和选用，第四章到第六章讲解棉花的高产所需的管理与设备，第七章简要说明棉花常见病虫草害的类型和判断方法。

本书适合于棉农和投身棉花种植事业的有关从业人员阅读。我们希望，无论何种文化程度，读者都可以无障碍地、快乐地阅读本书，并有所收获。

编　者

2023年10月

目　录

第一章

棉花的基本知识

一、棉花的起源及用途

（一）棉花的起源

棉花大体出现于公元前7000年至公元前5000年的中美洲地区。

考古发现，公元前5000年至公元前3000年，棉花出现在印度河流域。棉花从中美洲到印度河流域的传播过程和途径一直是个谜。公元前5世纪的古希腊历史学家希罗多德说，印度有一种奇怪的树，可以长出羊毛。在欧洲其他一些国家，棉花甚至被叫作“菜羊”，这个比喻是非常形象的，因为棉花是植物，但却能够长出像羊毛一样的东西。

对于棉花在世界上的具体传播过程，至今还没有一个明确的说法。我们很难考证棉花的传播路线以及具体时间。上面的年代数字也没有什么特别的意义，只是想告诉大家，棉花的出现已经是很久以前的事情了。

虽然很难考证棉花在世界上的具体传播过程，但是在中国，棉花的引进和种植是有明确记载的。后人根据文献记载，认为在公元前800年左右中国就有了棉花。但是这个观点也没有具体实证，因为在宋朝之前，汉字中是没有“棉”这个字的，对棉花的出现时间，大多是靠猜测。

棉花有记载的疑似进入我国的时间大体上在公元前3世纪左右。《尚书·禹贡》中写道：“岛夷卉服，厥篚织贝。”“卉服”“织贝”很有可能为棉纺织品。但只是很有可能，因为没有办法确定。

棉花传入我国分为南传（越南传入）、西传（西南和丝绸之路传播）。棉花在我国古代统称“白叠子”，是因为棉花类似蚕蛹长在植物上，层层叠叠的。这个和欧洲称其为“菜羊”有点类似。我国有养蚕的传统，欧洲有放牧的传统。

夏天的时候，棉花的花开得五颜六色，秋天的时候，棉花吐絮白白一片。很多文人墨客观赏着棉花，写写诗歌，喝喝小酒。比如白居易就在《醉后狂言酬赠萧、殷二协律》中写道：“吴绵细软挂布密，柔如狐腋白似云。”

我国的棉花种植和经济化采收应是在元代，也就是十四世纪左右的时候开始的。

元代有个非常著名的维吾尔族农业专家叫鲁明善，他编撰了《农桑衣食撮要》，提到了一个非常重要的棉花种植模式。也就是说，在元代的时候，棉花已经有人工栽培的技术了。更重要的是因为黄道婆的纺织推广，棉花的种植在我国开始形成产业了。

而棉花种植在中国的大力推广，靠的是朱元璋的铁腕手段。明太祖颁布法令要求凡是能够种植棉花的地方一定要种植棉花，所以，棉花便推广开了。

清朝诗人马苏臣写道：“五月棉花秀，八月棉花干；花开天下暖，花落天下寒。”这诗将棉花对我们的作用一下子写明白了，让所有棉农有一种成就感。

棉花的英文Cotton出自阿拉伯地区，当时阿拉伯人以经商为主，他们称印度的棉花为al-quton，被翻译成西班牙语之后，又被翻译成英文Cotton。我国大体上是在宋朝的时候，才有“棉”这个字的。“棉”字的大体意思就是木头上长了织布的东西。

今天，中国的棉花产量，无论是单产还是总体产量，都是全世界最高的。世界棉花看中国，中国棉花看新疆。

新疆的棉花产业世界闻名。在全世界的棉花产量中，新疆棉的产量占比已经突破20%，单产也是全世界最高的。

（二）棉花的功能

棉花的功能不用太多介绍，就是以穿衣为主。在化工产品腈纶等东西出来之前，棉花可以说是非常重要的纺织原料，当然，现在也没有变。我国的纤维年产量中，棉花占据三分之一左右。

此外，棉籽可以用来榨油，这种油在美国是非常出名的，但由于我们的加工技术还存在问题，榨出的棉籽油在精炼前很少有人食用。

棉花的花可以产蜜，简称棉花蜜。

棉短绒不能加工成布料制作衣服，所以经常被用作填充物保暖，或者浸泡油物用作点火——直到有人用它改良了火药。

用棉花做火药的历史比较近，大体上始于1845年，那个时候，鸦片战争刚结束，太平天国运动还没有开始，当时的火枪多为前膛枪，打仗时士兵基本上是一排排地站着，一边打着鼓，一边面朝对方开枪。

棉花作为硝化棉出现后，后膛枪就出现了，战争的格局就变了。后膛枪出现后，战壕也开始出现了。

1845年，德国化学家克里斯提安·弗里德里希·尚班在做实验的时候，不小心把硝酸和硫酸的混合液打翻了，情急之下用了老婆的棉布围裙来擦拭。事后他将这条围裙拿到火炉旁烤干，没想到靠近火炉时，围裙一下子就被烧了个干净，没有产生一点烟和灰。

这事换个人可能想到的是赶紧出去买一条新围裙，可克里斯提安却意识到被这种物质泡过的围裙稍微加热就能点燃，而且不像黑火药那样浓烟滚滚，后来通过研究发现了可以用来制作火药的新化合物。他经过多次重复实验，确定结果无误，遂将这个围裙命名为“火棉”，也叫“硝化纤维”。

但当时的硝化纤维还不能直接制成炮弹，否则在点火发射出炮筒之前就会爆炸。但是，用醇–醚混合溶剂处理并碾压成型后，其燃爆速度就能明显减慢，可以用作枪弹、炮弹的发射药或者固体火箭推进剂的成分，增加弹丸的射程和精度。炮弹、炸药、子弹的性能威力被大幅提高。

硝化棉火药燃烧过程中几乎不产生烟尘，而且没有残渣，爆燃效果又比黑火药要好很多，因此很快取代黑火药，成了主流发射药。为了与黑火药区分，硝化棉火药又被称为“无烟火药”和“单基发射药”。

在子弹上运用成功后，人们又进一步在硝化棉火药中加入了30%左右的硝酸甘油炸药，使得硝化棉火药的燃爆速度更快，推进力量更大，这就是“双基发射药”，目前主流的火炮都是使用这类发射药。

战争促进了高膛压火炮的发展，尤其是穿甲弹的出现，对高膛压、高出膛速度的要求更高了，双基发射药也逐渐力不从心，于是在双基发射药的基础上，又加入了比例不等的烈性硝基胍原料（炸药合成材料），这使得硝化棉发射药的燃烧更为充分，更为快速，完全达到了高压滑膛炮的要求，这就是“三基发射药”，目前尾翼稳定脱壳穿甲弹几乎都是使用此类发射药。

棉花从此正式进入了战略物资清单。中华人民共和国刚成立的时候，物资紧张，军事用棉花比民用的还要多。

当然，棉花还能拉动就业。根据不完全统计，我国因棉花而产生的就业人口已经将近1.5亿人。

二、棉花的生物学知识

（一）棉花的生物学分类

这本书主要是讲棉花水肥药一体化超高产模式的，但在讲解之前，首先要知道棉花的一些基本知识。

这节很简单，如果大体上都知道，完全可以跳过。不过咱们以后要用到这些基本知识。就像一个开车的，如果知道一些车的基本构造，那么车出了问题的时候，不至于半路没有办法，至少能够把车弄到修理站。

我们看一下棉花的档案：

棉花，属于生物—植物界—被子植物门—双子叶植物纲—锦葵目—锦葵科—棉属。

生物分类是研究生物的一种基本方法。咱们国家汉朝的时候，就有这个分类。时人为了给大家解释世界，分出了虫、鱼、鸟、兽四类。

在国际上，林奈和达尔文对物种分类作出了极大的贡献。

瑞典的植物学家林奈在1753年印行的《植物种志》和1758年第10版《自然系统》中首次将阶元系统应用于植物和动物。这两部经典著作，标志着近代分类学的诞生。

其实，他也是被逼无奈。一个植物可以叫一堆名字，比如马铃薯、洋芋、土豆。这种叫法物种少了可以，但是面对几百万种生物就不行了，必须有一个分类方案。所以，林奈发明了现在大家仍在用的双名命名制。

说实话，当时学分类的时候，我对林奈是恨得咬牙切齿，因为要背诵一堆东西。可后来我越来越发现这个分类对于科学研究真的有极大的好处。

1859年，达尔文的《物种起源》出版以后，进化思想才在分类学中得到贯彻，明确了分类研究在于探索生物之间的亲缘关系，使分类系统成为生物系谱。系统分类学由此诞生，从此大家可以按照这个“找亲戚”。

生物分类的依据主要是根据生物的相似程度（包括形态结构和生理功能等），把生物划分为种和属等不同的等级，并对每一类群的形态结构和生理功能等特征进行科学的描述，以弄清不同类群之间的亲缘关系和进化关系。

分类的基本单位是种，同种生物的亲缘关系是最密切的。例如：植物界中有若干个门，每个门的所有植物都有一些共同特征；在一个门里，可能会有成百上千种植物，但是在每一个种里，只有一种植物（一种植物便是一个物种）。

分类等级越高，所包含的生物共同点越少；分类等级越低，所包含的生物共同点越多。分类系统是阶元系统，通常包括八个主要级别：域、界、门、纲、目、科、属、种。

纲和目在秦国就有了。秦国的《吕氏春秋》有一句话叫作纲举目张，大网的总绳一撒，所有的网眼就都张开，比喻抓住事物的主要环节，就可带动一切。

棉花属于锦葵科，这个科的植物有个特点，就是花中间那个棒棒的棱数和后面果实的瓣数是一样的。

锦葵科植物的花一般都是雄蕊花丝成管状，然后与花冠的底部相连，套住花柱的下部。果子为蒴果，和硕果音是相同的，所以，如果有人送你一株棉花，也可以寓意硕果累累。

（二）棉花的结构

1. 根系

根深叶茂，树壮果稠。根部呢，相当于人的嘴巴，主要的目的是将地里的肥料“吃”到“肚子”里，然后送到叶片处进行光合作用。

棉花根系为直根系，呈倒圆锥形。一般情况下，根扎得越深，越耐旱。如果我们想要作物耐旱，那么培养根系是很重要的一个技术手段。

直播棉花的主根上粗下细，主根入土深度因品种、土壤质地、结构、土层厚薄和水分状况等环境条件不同而差异很大。在适宜的条件下，主根入土深可达2米及以上（理论上的数据，我拔过几千株棉花，还暂时没有见到这么深的）。

通常主根在离表土以下几厘米处长出第一次侧根，其上又可发生第二次侧根，这样经过几次分枝，形成密集的根系网。侧根大部分分布在耕作层，耕作层深厚时，侧根数量就多，分布范围也广。在各级侧根幼嫩尖端部分着生根毛，形成根毛区。

我们要注意一个问题，就是根部吸收营养的问题。有很多农户问我，为什么他用的肥料和邻居家的一模一样，但是产量相差一百多公斤？除去肥料真假和种植水平外，跟采用深翻底肥还是耙地施肥有很大的关系。

翻地使用肥料，在植物的主吸收区能够有肥料，在生长后期表现得非常有优势。而耙地施肥，棉花在根扎一个月后，根的长度就超过耙地能够将肥料耙入的深度了。

滴灌的道理也是一样。

最近几年很多的生根剂在棉花出苗水中大行其道，导致棉花的根系非常虚。我们有的时候感叹，那种根系一遇到旱情就断了，不仅仅浪费营养，更重要的是浪费时间和金钱。

盐碱地改良也是要从根系入手，这个后面会说。

2. 茎秆和分枝

棉花高产的重点叫作三分种，七分管。

玉米叫作七分种，三分管。道理很简单，只要把玉米种下去，肥料弄好，基本上大的工作已经结束。而棉花不同，棉花是多生子女的管理模式，一层一层上果苔，然后不断进行类似于坐月子的管理方式，这种方式，对于我们农户的要求就非常高。所以，棉花高产重点在于管理。

天地水，种管肥。管理的好坏对于棉花产量很重要。而管理实际上就是管理茎秆和分枝。

（1）茎。相当于树干。棉花的主茎由顶芽分化生长而成，茎上有节和节间，每节着生一片真叶（根据相关的经验，一个棉桃是由两个真叶来提供营养，当然，鸡爪棉不算），有很多技术员说多少叶，指的是这个叶。

棉株高度由胚轴和主茎各节间伸长的总和来决定，这点非常像竹子，竹子的高度是各节高度的总和。但是棉花是实心的。

棉花小的时候，幼茎呈绿色，随着日光照射和各部位老熟程度的不同，较老部位皮层细胞中花青素增加，就跟人长了老年斑一样。茎秆逐渐变为上绿下红，直至全部呈紫红或棕褐色。很多技术员用红茎比来解释很多管理问题，实际上，这个问题有些经验主义，也不一定对。因为有的品种茎色一直青绿，比如10–68系列的品种。所以用红茎比来分析棉花的长势，在现在的情况下，属于被淘汰的方案。

棉花的株高、茎的粗细、茎的颜色，易受生态条件和栽培措施的影响。茎上散布着黑色或深棕色的小斑点，称为油腺。无棉毒素品种的茎叶上均无油腺。

陆地棉幼嫩茎枝上大多着生有茸毛，老熟部位因逐渐脱落而稀疏。不同棉种之间，茸毛的多少有明显差异。

茸毛其实多一点比较好，对于抗虫来说，毛多的时候，容易挂住农药，同时对于虫子的生存环境影响也比较大。绒毛越多，蚜虫越不容易活动。

（2）分枝。棉花的分枝是由主茎的腋芽分化发育而成，有果枝和叶枝之分。果枝和叶枝的主要区别如下（说简单一点，就是果枝能“生孩子”，叶枝一般不行）：

果枝：①果枝上直接着生花蕾，在同一个果节上花蕾与叶片相对着生。②同一果枝上相邻两果节之间呈左右弯曲形状，称为多轴枝。③果枝与主茎的夹角较大。④一般着生于主茎的中上部各节。

叶枝：①叶枝上的每节不直接着生花蕾，一个节上只有一片叶子，叶腋可以长出果枝。②枝条不左右弯转，称单轴枝。③叶枝与主茎的夹角较小。④一般着生于主茎下部的几个节上。

田间肥水条件好，棉花长势旺盛时叶枝较多。高产管理，重点管理的是分枝间距。

棉花的果枝分为无限果枝和有限果枝两大类。

无限果枝：无限果枝又称二式果枝，这点很重要，因为我们在介绍品种的时候经常会用到这个说法，指果枝节数多，在条件适合时，果枝可不断延伸增节。生产上推广的品种大多属于无限果枝型。

有限果枝：包括零式果枝和一式果枝。零式果枝型无果节，铃柄直接着生在主茎叶腋间。一式果枝型只有1个果节，节间很短，棉铃常丛生于果节顶端，这种类型的棉铃常大小不匀。

在推广的时候，我们经常会推广无限果枝，也就是二式果枝的产品，因为有限果枝的棉花品种容易产生损失。此外，也有少数品种属于混合型，同一棉株不同部位兼有无限和有限两种类型的果枝。注意：暂时没有三式四式的说法，这是有些技术员随意说的，不是主流。

当然，还有亚果枝。亚果枝多数出现在水肥条件比较好的个别品种上面，类似于零式果枝。

管理好茎秆的粗度和分枝的距离，是我们棉农必须进行的一个过程，管好了，产量很高，管得不好，产量直接就下来了。

这个道理很简单，所有的作物，想要高产，无非就是光合作用效率最大化。

增铃数，就是在有限的空间，在有限的时间内，在通风透气的条件下，放进去更多的果枝数。成为高手的诀窍就是这句话。

然后，增铃重。增铃重就不是技术员能够做到的了，那需要靠天。天气是重要的。

（3）叶。植物的重要东西，类似于人的胃，把根部吸收的营养，通过光合作用，变成各种植物需要的物质。

棉花的叶片分为子叶、真叶和先出叶。真叶按其着生部位不同可分为主茎叶和果枝叶。

陆地棉的子叶为肾形，绿色，基点呈红色，宽约50毫米。一般2片子叶对生，一大一小，小子叶的面积为大子叶面积的80%左右。子叶枯落后，留下一对痕迹，亦称子叶节。

先出叶为每个枝条和枝轴抽出前先长出的第一片不完全叶，大多无叶柄，没有托叶，以披针形、长椭圆形或不对称卵圆形居多。最大宽约5～10毫米，生长一个月左右自然脱落，因其着生节间并不伸长，所处部位和形态均与托叶相近，故易与脱叶相混淆。

通常见到的主茎和果枝节上着生的真叶都是完全叶，具有托叶、叶柄和叶身。叶柄和叶片交接处有稍膨大的部分称为叶枕，能调节叶片的旋转。主茎上的叶片，按照3/8螺旋式（就是8个叶片刚好绕3圈的意思）的叶序绕茎互生。叶片裂缺的多少，随个体发育的进程而发生有规律的变化，一般第一片真叶全缘，叶片也较小，以后裂缺增多至3～5个，最上部裂缺又减少（这个就是为什么我们常常见到棉花叶子像手掌的原因）。

裂片：叶片被缺刻分开的几个部分均称为裂片。叶身的中脉所在的裂片称中裂片或称主裂片，主裂片左右两边的裂片称为侧裂片。

裂口深浅：裂片裂口的深浅，因棉种或品种不同而有差异。裂口深浅程度的简易比较方法是：将中裂片从裂口处反转过来，以裂片尖端与叶基红点的位置进行比较，叶尖超过叶基红点的，就是裂口大于1/2，叶尖达不到叶基红点的，则裂口小于1/2，叶尖超过叶基红点以后，尖端又从叶基红点折转，超过两裂口连线的，则裂口深达2/3以上。比较各品种叶片裂口深浅时，应取主茎中部的叶片。

棉花的真叶上，大多着生有茸毛，背面叶脉上茸毛更多。棉叶上有棕褐色的多酚色素腺，又称油点。叶背面中脉上离叶基约1/3处有蜜腺一个，翻开叶片就可以看到，有点油乎乎的感觉。有些品种在侧脉上也有蜜腺。

（4）花。棉花的花为单花，花以其花柄的一端着生在果节上，花柄的另一端略为膨大，称为花托，支持着花器。

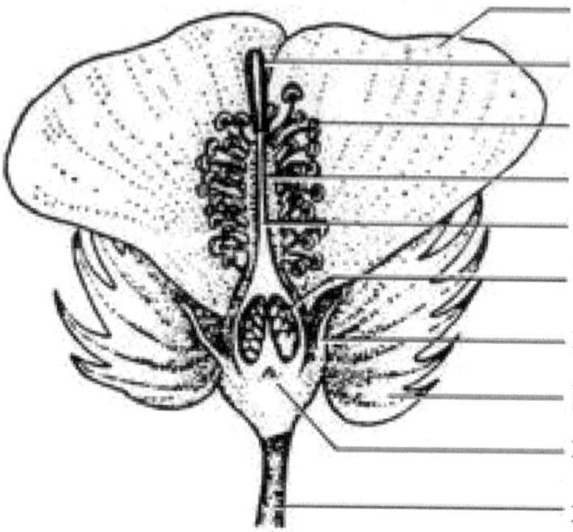

图1–1　棉花的花结构图

棉花属于常异花授粉作物，这个意思就是说，自己可以给自己授粉，而且和别的花进行授粉也是可以的。新疆棉花大多数都是常规棉，因为授粉是浩大的工程，要把棉花的每一朵花都去雄，按照现在的成本计算，基本上是做不到的。

我们仔细来看一下花的结构。

①苞叶。在花的最外层，共3片。陆地棉苞叶基部大多分离，上缘呈锯齿状，裂齿较深而尖长，每一苞叶外侧基部各有一个蜜腺，叫苞外蜜腺。

②花萼。5个萼片（可以理解为5个花瓣的托底），联合成杯形，包围在花冠基部。在花萼外侧基

部两苞片相交处，各有一浅凹的萼外蜜腺，在花萼内侧有一圈萼内蜜腺。

③花冠。由5个花瓣组成，陆地棉的花瓣一般为乳白色，花瓣基部无红心。

④雄蕊。每朵花通常有60～90枚。雄蕊由花丝和花药组成。花丝基部联合成雄蕊管，与花冠基部联结。

⑤雌蕊。一枚，位于花的中央，为雄蕊管所包围，雌蕊分为柱头、花柱和子房三部分。子房由3～5个心皮组成，各心皮以其边缘在中央愈合成中轴，胚株着生其上，称为中轴胎座。

整个花朵由花柄着生在果枝上，少数品种花柄直接着生在主茎上。

这样的作物有个特点，就是花粉容易吸水膨胀破裂。所以在一般情况下，开花的时候遇到下雨容易落花。很多棉农特别“勤快”，在没有下雨的情况下，开着花，还打农药。要注意，开花的时候，严禁任何能够让花粉吸水的活动。

（5）果实。棉花高产的时候，常说棉花硕果累累，没有错误，因为其果实是蒴果（就是可以开裂的果实），称作棉铃或棉桃，3～5室。不过，大多数农民喜欢把室叫作瓣。

现在因为机采，为了含絮率，大多数农民喜欢的是五瓣的棉花。

陆地棉的棉铃多为圆形或卵圆形，表面光滑，油点深藏其内，呈暗点状。棉铃的外形常从以下几方面加以描述：铃尖的有无和长短、铃肩的有无、铃面的光滑程度、铃的形状、铃柄的长短及铃柄向上或下垂等。

每一棉铃多数为四瓣，也有五瓣的，每瓣约有7～11粒种子。有很多的农户喜欢数每瓣的棉籽数量来确定产量，其实有点不科学。瓣由胚珠发育而成（一般来说，硼肥在这有极强的作用，受精好的情况下，对于植株的结铃是有好处的），每瓣棉花里面的籽是种子。我们从田间采收的棉花是纤维和棉籽连在一起的，称为籽棉。经轧花机轧出纤维后的棉籽即为种子。

种子上附有短绒的称为毛子，毛子的颜色有白、灰、绿、棕等颜色，种子上无短绒的称为光子，为黑褐色。只在端部有短绒的称端毛子。我们经常用泡沫酸烧去短绒，这样棉籽就不容易带菌落。

棉籽呈梨形，一头大一头尖。尖端有一子柄，也是珠孔遗迹所在的一端，较宽的钝端为合点端，种脊连贯于子柄及合点之间。

成熟的棉籽，其种皮为黑色或棕褐色，壳硬。未成熟的为红棕色或黄色，壳软。现在的色选机一般都把这些东西给去除掉了，所以建议农户购买种子的时候，使用没有包衣的种子，最起码可以看到种子的颜色，来判断种子的品质怎么样。

大厂家的种子经过了风筛、重力（这两步选出饱籽，也就是胖胖的孩子）、磁选（弄掉破籽）、色选（弄掉不成熟的籽），购买时没有顾虑。而小厂家的，要看运气。

（6）纤维。纤维由胚珠表皮的一部分细胞延伸发育而成，是单细胞，也就是说，一个棉纤维不管多长，都是一个细胞。

纤维素在棉纤维中占94%的含量，剩下的是多缩戊糖、蜡质、蛋白质、脂肪、水溶性物质、灰分等伴生物。

我们说棉花，重点说的是纤维，说纤维，重点说的是纺织，而古代纺织我们就不说了，说现代纺织，因为现代纺织业影响我们国家将近1.5亿人的就业。

棉花纺织有三步：

第一步是去籽，也叫轧花。棉花纤维和籽是在一起的，在以前，脱籽是很费劲的一件事情。

1793年，美国工业之父伊莱·惠特尼发明了机械轧棉机。伊莱·惠特尼是工业标准化的创始者，设计了世界上第一台铣床，建立了会计制度，认识了实验和理论的关系。有一句非常出名的话语，实际上是来源于伊莱·惠特尼，这句话叫作：实践是检验真理的唯一标准。而伊莱·惠特尼并没有以这个机械获利，他主要是做军火生意的。

第二步是纺纱。1765年纺织工人哈格里夫斯发明了“珍妮纺纱机”，提高了织布效率，这台机器一台可以顶好几个工人。珍妮是他夫人的名字。

第三步是织布。1733年英国人凯伊发明了飞梭。飞梭实际上是安装在滑槽里带有小轮的梭子，滑槽两端装上弹簧，使梭子可以极快地来回穿行，用来织布。

转过头，我们重新审视一下棉花纤维。棉纤维外形上可分为三部分。

基部：靠近种子表皮细胞一端的称基部，棉纤维的基部由于胞壁较薄而稍向中腔内凹，故其直径较小，轧花时，纤维通常在基部的稍上部位被轧断。

中部：中部直径最大，成熟纤维的细胞壁较厚，中腔较小，沿着纤维的纵轴有很多扭曲。未成熟纤维的细胞壁较薄，中腔相对较大，扭曲很少，甚至完全无扭曲。

顶端：棉纤维的顶端逐渐变细，没有中腔，也没有扭曲。棉纤维的长短、粗细、色泽等，因棉种和品种而异。

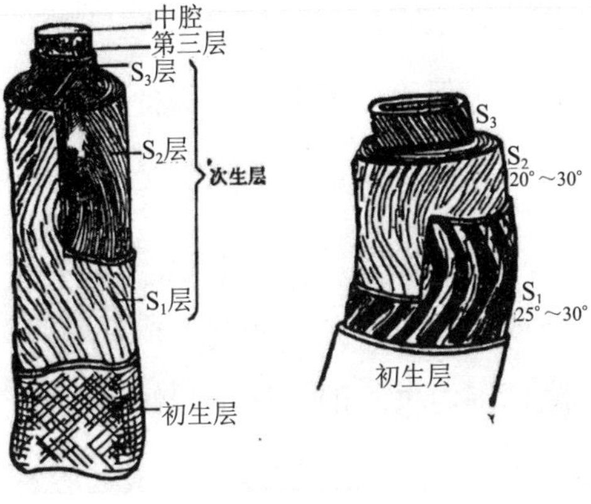

图1-2　棉花纤维解剖图

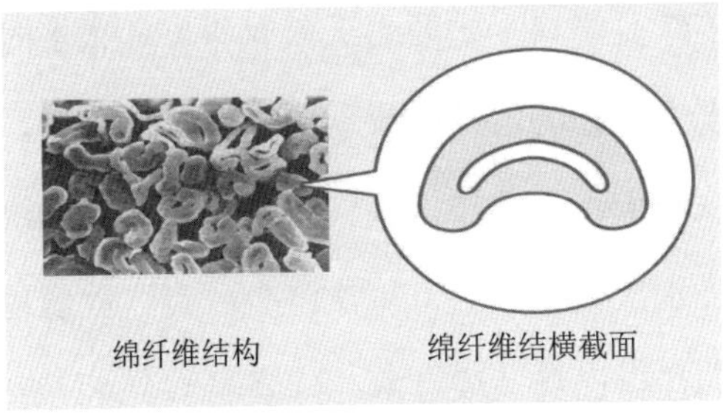

图1-3　棉花纤维横截面

现在机器采收的棉花和手工采的区别不大。轧花企业以机采为借口来压低价格是不合理的。

（三）棉花的主要生育特性（也可以理解为棉花的脾气）

1.喜温好光

棉花属喜温作物，不耐寒冷。生长起点温度在10℃以上，为了保险，我们往往保持在12℃。薄膜是好东西，在开春的时候，可以提供足够的热源，以提高地温。

棉花的最适温度为25～30℃，最主要的阶段都是在这个温度范围内进行的。这个时候棉花自己“谈情说爱”是最好的状态。而温度太高，花粉容易受损。

高于40℃则组织受损伤，尤其是在6～7月份，如果出现连续高温（一定要看天气预报），很多时候，棉花会出现大面积的落花落果现象。在这个阶段，一般情况下，从我们现有的技术条件来说，建议高频浇水（就是说，浇水次数多一点，每次浇少一点，就像夏天的时候，我们往自己身上泼点水，降降温）。

开春低温的处理相对简单，因为棉花发育速度慢，这个时候，用苗勃蕾旺就可以达到比较好的效果。如果是盐碱地，苗勃蕾旺加一水硫酸锌就可以达到很好的效果。

图1-4　苗勃蕾旺示意图

棉花不适合在36℃以上高温环境生长。这个道理很简单，在大热天、没有伞的情况下，人在大太阳下暴晒，身体机能也会出很大的问题。

高温对棉花的危害主要体现在以下几个方面：

抑制棉花的正常生长发育。棉花需要在适宜的温度下才能正常生长，而高温会抑制棉花的正常生长发育。持续的高温天气可能会影响棉花的营养生长，阻碍蕾花铃的正常生长发育，并加重脱落现象。

影响花粉萌发和受精。高温会抑制花粉的萌发，并影响花粉管的伸长。在棉花开花当天遭受高温，可能会导致花粉活力降低，花粉管生长速度减慢，授粉受精受阻，结实率降低。这些都会影响棉花的产量和品质。

影响棉铃发育。铃期高温可能会导致棉铃营养不足或脱落，这最终会影响棉花的产量和品质。高温会造成受精棉铃在开花7天后100%脱落，同时增加棉铃不孕籽的数量，降低铃重，改变种仁内含物的组成比例，影响种子成熟和种子质量。

因此，高温是影响棉铃发育的主要因素，是导致铃重减轻、产量降低的主要原因。为了确保棉花的正常生长和发育，应当在适当的温度范围内为棉花提供适宜的生长环境。

很多农户说，知道知道，但是怎么办？

答案很简单，高频率浇水，并且迅速喷施芸苔素+花果三宝。

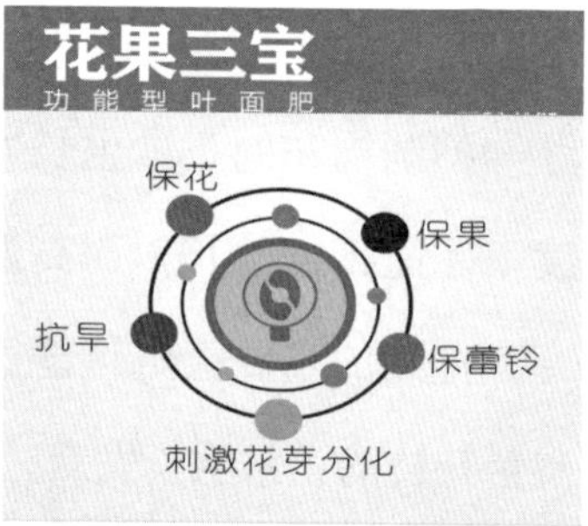

图1-5　花果三宝功能图

棉花大体上三五天出一个果苔。注意这个时间，因为棉花的果苔和现蕾是对应的，也就是说，每过三五天，就有一次比较大的营养需求。

营养需求不仅需求营养，还需求水。如果这个时候能够补充水肥，那么因为水肥不足而脱落的果苔就会少很多。

可以适当喷施芸苔素加花果三宝（对于气孔开关闭合有促进作用），来调节植物自身的情况。

三到五天一浇水，是比较理想的状态。有些农户把浇水频率控制到了三天以内，也不是不行，但是从管理的角度来说，比较麻烦。可以考虑使用智能球阀。

从播种到吐絮需≥10℃的活动积温（计算方式是将大于10℃的天气出现的天数加起来就可以了，一般情况下，当地的气象部门有这个方面的资料）：早熟陆地棉为2 900～3 100℃，中早熟陆地棉为3 200～3 400℃。

棉花属喜光作物，植物的光合强度和呼吸强度达到相等时的光照度值在光补偿点以上，植物的光合作用超过呼吸作用，可以积累有机物质。光照度值在光补偿点以下，植物的呼吸作用超过光合作用，此时非但不能积累有机物质，反而要消耗贮存的有机物质。如长时间在光补偿点以下，植株逐渐枯萎以致死亡。当温度升高时，呼吸作用增强，光补偿点就上升。

2. 无限生长，株型具有可塑性

无限生长就是指发育过程中，只要环境条件适宜，棉花会不断进行纵向和横向生长，生长期不断延长。

株型可塑是指棉株大小、群体长相长势受环境和栽培措施影响变化较大。因此，棉花可通过密植或稀植等多种途径来实现高产。

3. 营养生长与生殖生长并进时间长

棉花从2～3片真叶期花芽分化到停止生长都是营养生长与生殖生长并进，约占全生育期的4/5。

棉株在长根、茎、叶的同时，不断分化花原基、现蕾、开花、结铃。因此，营养生长与生殖生长矛盾不易协调，生产上旺长和早衰现象较为普遍。

所以棉花种植最主要的管理，就是协调。现在新疆的条件比较适合用控制株高，寻求群体产量的办法来进行增产作业。不过确保高产的方式很多，要因地制宜。温度热的地方放高一点，温度凉的地方放矮一点、密一点。重点是协调发展，5～6月份塑形，7月份主攻生殖生长。在这种模式下才能获得更好的效果。

4. 根系强大，适应性广

棉花属直根系，吸收肥水能力强，耐旱、抗倒、耐盐碱，对气候、土壤具有广泛的适应性，但不耐水渍（这点很重要，一般情况下，在8月份新疆容易出现暴雨的时候，一定要注意观察）。

研究表明，在耕作层含水量下降到8%～12%时，棉花仍能存活。土壤含盐量在0.3%以下，棉花能正常出苗和生长发育。

5. 再生能力强，结铃具有自动调节能力

棉花地下和地上部均有较强的再生能力。地下根系再生能力较强，可以通过中耕断根来促根或控制旺长。但是要注意枯黄萎病。

有很多农户担心伤了根系，其实没有关系。棉花地上部营养器官和生殖器官再生能力也较强，在遭遇各种灾害后，只要加强管理，一般仍可获得一定产量。

所以，一般来说，如果遇到冰雹，只要是7月份前，补救都是有效的，但是要结合具体情况。

棉花结铃具有自动调节能力，一般前中期结铃少时，后期结铃就会增多；内围结铃少时，外围结铃就会增多。

6. 常异交雌雄同花

棉花花冠开张大，属风媒和虫媒花，天然异交率达5%～15%，属常异交作物。品种保纯难度大，易发生自然退化。

（四）棉花种植的六要素

天、地、水、种、管、肥，就是六要素。

1. 天

棉花高产很大程度靠天气。天气不好，再高的高手也没有办法。

三分种植，七分管理，但还得靠天气。天气是最关键的因素，无论什么时候，天气都是高产的第一要素。棉花喜温，天气决定了棉花高度的控制，说白了，天气好的时候，咱们可以适当高一点，天气不好的时候，咱们可以适当矮一点。

小知识

棉籽萌发的最低温度为10～12℃，胚根维管束分化要12～14℃，下胚轴生长要16℃以上的温度，出苗适合温度为17℃，温度达到19～20℃才现蕾，温度过低就光长叶子了。花铃期适合温度为25～30℃，棉纤维发育成熟需要21℃以上。

“苗期遇冷不发苗，中期遇冷不结桃，后期遇冷水果桃”。温度如果到32℃以上，就会造成现蕾减慢，花粉败育。所以在温度高于32℃时，适当增加田间的水量是必要的。

在春季阶段性低温时，地温容易降低，这个时候，除草剂的选取一定要非常慎重，尽量不要选取丙炔氟草胺。在低温高湿的环境下，用丙炔氟草胺容易出现严重的蹲苗。

低温的条件下，植株容易出现滞育，这个时候，我们一定要有对抗手段。叶面肥非常关键。

普通地块：苗勃蕾旺。

盐碱地：苗勃蕾旺+一水硫酸锌1 000倍液喷施。

不要相信什么上面不长下面长的话。一定要让棉花快速长出6片叶子，这样棉花就可以靠光合作用积累营养了。

在夏季阶段性高温时，高频率浇水。如果没有高频率浇水条件，可喷施芸苔素+花果三宝，通过药物进行叶片气孔的调节，防控高温干旱造成的问题。

秋季霜期若比以往推迟，则喷施落叶剂。如果夏季出现大量高温落花落果，可喷施芸苔素20克+花果三宝，建议喷施三次。

2. 地

土地性质决定了我们管理时的一些情况。

比如沙土地，我们一定要考虑如何高频率滴灌的问题，如果没有这个手段，往往夏季高温容易造成大量的落花落果。

盐碱地，我们需要考虑的非常多，比如怎么种、怎么浇水、如何进行排盐压碱、如何让作物生长起来。

相对来说，棉花耐碱程度还是比较理想的，但是有一定的范围。就好比我是四川人，特能吃辣子，但是如果太辣了，我也吃不下去。棉花耐碱范围是pH 7～8之间，拿一个pH试纸一测就出来了，大差不差。一般化工商品店都有这个东西。

还有就是含盐量，含盐量超过0.3%，棉花可就不容易长了。

很多土地是胶泥地，滴水不渗。刚滴灌，地里面就是一堆水，顺着沟往下流。这种地，怎么办？有些开荒地的盐碱含量非常大，怎么办？

其实，土地的改良用物理方法会更快一些。比如胶泥地，最简单的方法就是加沙子，1亩地（注：1亩≈667平方米）3吨河沙就可以。盐碱地一般采用的是增加有机肥的模式，当然，用风化煤也是这几年常见的。

很多人问，用石膏怎么样？有作用，但是石膏只是进行了钙钠比例改变和增加钙胶体。风化煤实际上也有这种作用。

根据土地的性质，一定要清楚滴灌带的间距问题。一般来说，如果是壤土，可以间距宽点，如果是沙土，间距短一点。当然，近几年也有短间距、低流量、高频率滴水的做法，这些都在探究过程中。

土地是棉花根系吸收养分和吸收水的地方。重视土地，就可以因地制宜，达到事半功倍的效果。

棉花和小麦不同，基本上不用测土配方。很多农民喜欢给我提供测土数据，然后说，来，给我一个棉花施肥方案。我说，这个测土数据没有什么意义。

我们测土采用的是国标5项：有机质、氮、磷、钾、pH值。土壤常规45项检测。

重金属（7项）：砷、镉、铬（六价）、铜、铅、汞、镍。

挥发性有机物（27项）：四氯化碳、氯仿（三氯甲烷）、氯甲烷、1,1−二氯乙烷、1,2−二乙烷、1,1−二氯乙烯、顺−1,2−二氯乙烯、反−1,2−二氯乙烯、二氯甲烷、1,2−二氯丙烷、1,1,1,2−四氯乙烷、1,1,2,2−四氯乙烷、四氯乙烯、1,1,1−三氯乙烷、1,1,2−三氯乙烷、三氯乙烯、1,2,3−三氯丙烷、氯乙烯、苯、氯苯、1,2−二氯苯、1,4−二氯苯、乙苯、苯乙烯、甲苯、间二甲苯+对二甲苯、邻二甲苯。

半挥发性有机物（11项）：硝基苯、苯胺、2−氯酚、苯并[a]蒽、苯并[a]芘、并[b]荧蒽、苯并[k]荧蒽、䓛、二苯并[a,h]蒽、茚并[1,2,3−cd]芘、萘。

这种检测数值，采用的是百万分之一浓度，单位一般是mg/kg。

由于缺少棉花根系对营养物质的吸收数据，棉花无法像小麦一样进行配方施肥。

3. 水

棉花高产要靠水。有很多的棉农选择承包土地来进行投资，那么，水源的好坏就尤其关键了。如果对水源不了解，那么就不要盲目投资。

我们经常给承包土地的农民说，看到那些到了8月份棉花都长不起来的地，一定要非常小心，因为有可能水不够。

小知识

花铃期需要水最多，占40%以上，其次是吐絮期，占31%，再次是苗期，占16%。需要水的强度花铃期最大。所以在摘棉花的时候，根据情况，适当滴入一些水，也是好的。

水和气中都有植物必需元素，通过浇水频率调节，我们可以获得很好的产量。水和气就是大自然给我们的最好肥料。自然界，没有人造化肥，也是植物遍地。只要有水有气，就有郁郁葱葱的植物。

但有些井水是苦咸水，这种水的含盐量非常重，大家可以理解为咸菜坛子中的咸水，滴入之后，容易使棉花死亡。这个时候怎么办？用“777”调整pH值，用生化源黄腐酸钾来调整耐盐性，是比较好的方案。

4. 种子

种子抗不抗病、抗不抗虫、抗不抗草，都是管理的核心指标，只有在这些指标明晰的条件下，才能做到因地制宜、因时制宜。

2006年，一个叫作冀棉958的品种，在整个新疆广泛种植——因为抗虫。

种子是很关键的，我们可以主动选择优良的种子开始种植。

5. 管理

管理水平是人完全能够控制的。就像做饭，同样的材料和条件，有些人做的饭菜鲜香可口，有些人做出来的几乎吃不下去。

种棉花也一样。同样的条件，同样的种子，同样的肥料使用量，但是产量经常完全不同。

让每亩地产出超过十万朵棉花的管理方法，就是“56711”标尺管理法。管理的目标，是在有限的空间里面，布局更多的果苔，在合理范围内，让光合作用效率最大化。

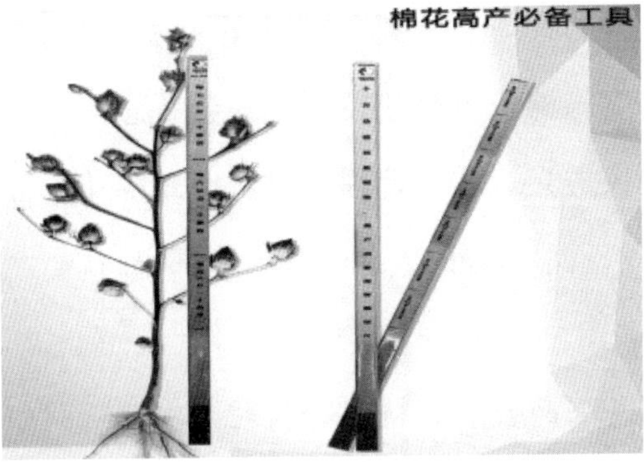

图1-6　“56711”标尺

啥叫光合作用？光合作用通常是指绿色植物（包括藻类）吸收光能，把二氧化碳和水合成富能有机物，同时释放氧气的过程。

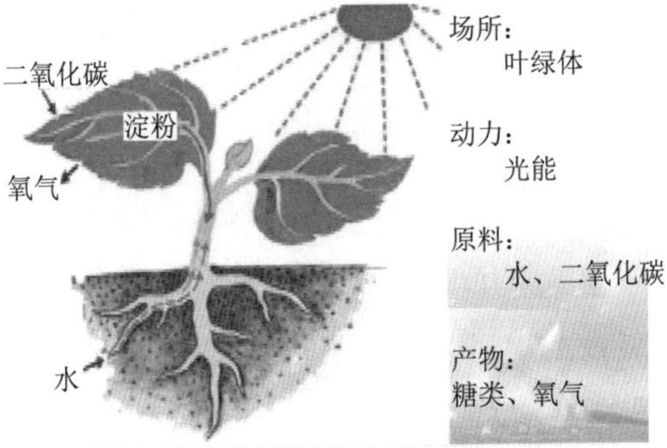

图1-7　光合作用原理

光合作用的产生需要做到两点：光，也就是透光；气，也就是通风。

人为的管理要做到在5月和6月两个月的时间内，根据密度将棉花果苔数控制到最佳状态，目的就是要保证通风透光。这个管理过程，就是棉花种植中最重要的技术。掌握好的人，一般产量都很高。

6. 肥

棉花高产要靠肥料。肥料对于棉花，就如同饭对于人一样。产量的高低，取决于肥料的搭配。

很多农户问，什么是好肥料？其实肥料在保证质量的前提下，没有什么好与坏，关键在于搭配。这个就像问一个大师傅，什么原料做出来的饭好一样。只要厨师好，什么都是好材料。

我们探讨肥料，要注意几个点：

（1）肥料是要靠根部吸收的，所以，根系的发达与否和肥料的利用率有一定的关系。但是，现在很多的生物刺激素造成的那种毛细根对于肥料吸收好处不大，因为那种根系不耐旱，当旱情出现的时候，经常容易断，反而浪费营养。

（2）肥料讲究的是吃得饱，吃得好，管得好。吃得饱就是肥料要充足，吃得好就是要搭配得当，管得好就是十万朵棉花“56711”。

（3）测土配方只能作为参考。测土配方在小麦种植中用处比较大，是因为小麦的根系基本上满足了整个土壤的铺设。而棉花的根系不如小麦发达，所以测土配方的原理在棉花上是不适用的，斯坦福公式中的系数是没有办法确定的。斯坦福公式：植物需求肥料量＝（植物需求量－土壤量×系数）/肥料利用率。

一个标准的十万朵棉花方案，是需要考虑各种大中微量元素和微生物搭配的。

肥料是个重点，所以放到后面再说。

（五）棉花生育周期的基本知识

棉花从播种开始，经过出苗、现蕾、开花、结铃，直至吐絮和种子成熟，这个过程称生育周期。一般从播种期到收获期所经历的天数称为全生育期，从出苗期到吐絮期经历的天数称为生育期。

在实际种植中，棉花的生长我们通常分为5个时期：出苗、苗、现蕾、开花、吐絮。对应的人类生长阶段为：婴儿、童年、少年、青年、中老年。

理解了这点，我们就知道怎么去上肥料了。翻地时翻入肥料，主要是让婴儿有一个结结实实的身体；

苗期少量多餐；现蕾期和开花期注意营养的搭配。

记住一点，肥料是任何时候都需要的，把棉花的肥料理解为人吃的饭就可以了。

（1）出苗期：从棉花种下去，到棉花一半的子叶展开，这个时期为出苗期。这个时期，没有什么要做的，就是要注意天气，注意风灾霜冻，要看天气预报。

（2）苗期：从出土到50%现蕾。这个时间长短一般来说是30～50天，根据品种略有不同。一般来说这个时期是5月中下旬。

（3）现蕾期（蕾期）：从苗期到50%开第一朵花的时间。一般来说，这个时间为25～30天。大体是在6月中旬到7月上旬，也就是打顶前的时期。

（4）花铃期（开花期）：从50%开花到第一个棉桃吐絮，大体上50～60天。这个时间很关键，什么东西都是在这个时候形成的。棉农常说“花见花，四十八”，就说的是这个时期的长度。

喷施落叶剂的时候，理论上说，喷施得越晚对于产量的影响越小，但是需要确保12℃以上的温度。最低温度低于12℃时再喷施落叶剂，就会出现叶子不脱落的问题。

（5）吐絮期：不用说了，到地里一看，可以进人拾棉花了，这就是吐絮期。

小知识

一般来说，打顶必须结束于花铃期前。打顶的规则是“时到不等枝，枝到不等时”，本书后面会详细讲解。

在苗期，一定要通过苗勃蕾旺，强行增加叶绿素含量，为现蕾打下坚实的营养基础。这个时候结合促根的原则，加强苗期长达40～50天的管理控制，低温多叶面肥，高温多控制现蕾高度，结合温度来进行管理控制。

在蕾期，最大的影响因素是虫情。所以，这个时期，我们用农药滴灌器上药，以预防为主。同时，蕾期是我们建立植物空间布局的最佳时期，严格按照“56711”原则进行空间布局，使光合效率最大化。

在花期，我们对抗的实际上是高温风险。温度高了，落花落铃非常严重，这个时候，我们需要全面实现高频率浇水。此时用蕾桃多可以增加营养。

在吐絮期，一定要知道，任何药物都是需要10℃以上的温度的。在温度允许的时候，落叶剂打得越晚越好。

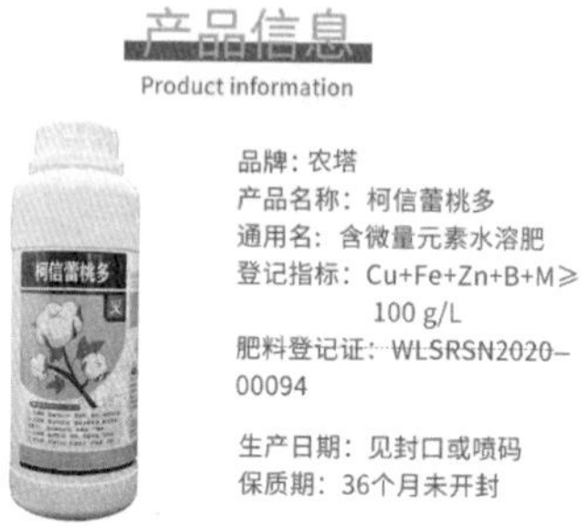

时期	每亩用量	作用
现蕾期	50	茎秆粗、蕾壮
初花期	50	长势稳健、优化株型
坐果期	50	保果、促进坐果、防早衰
膨大期	50	促进膨大、抗高温、抗旱

图1–8　蕾桃多的相关介绍

总结上面的管理方案，我们需要准备的东西有：农药滴灌器、微生物发酵装置、智能球阀、苗勃蕾旺、花果三宝、蕾桃多等。

（六）影响棉花产量的几个主要因素

棉花产业是一个产业链，不仅仅是考虑种植，还要考虑机械、农资、政策、销售、人文环境等配套的问题。

咱们出去包地，尤其是跨区域承包土地，在技术方面主要看以下几点：

（1）土壤条件：棉花是深根作物，需要深厚的活土层；耐旱而忌渍涝；轻度耐碱。为了更好满足棉花对土壤条件的要求，一方面要加深耕层、改良土壤、搞好高产稳产农田基本建设；另一方面还要采取松土、施肥、排渍、注水等耕作措施，随时调节土壤的水、肥、气、热等状况，以改善棉花根系活动的环境。

沙土地和壤土地的管理方式有所不同，所以一定要注意。

（2）需肥规律：棉花在不同生长时期对氮、磷、钾的需要量也不同。所以应严格按照棉花在不同的生长时期对肥料的需求，科学施肥。对氮肥的使用时间，一定要注意。

（3）需水规律：棉花的生命活动是和水紧密联系在一起的，缺水干旱固然不行，但水涝的害处更大。棉花在各生长阶段对土壤水分条件的要求不同，必须把握棉花各生长阶段的田间耗水量以及适宜的田间持水量，以便适时采取注水、排水、松土保墒、晒土放墒等措施，使棉田保持最佳供水状态，免除旱涝灾难。

承包土地的时候，看水一定要8月份看。有很多朋友承包土地的时候，跑过去一看，井的数量是够的，就包了，但是一到8月份井就不能用。这种地块叫作陷阱地块，风险极大。

（4）空气条件：棉花的生长需要大量的氧气和二氧化碳，必须为棉田创造良好的透风条件，以促进棉花根部及上部的生长，防止落铃、烂根。

（5）温度条件：棉花在生长、发育的各阶段都有其需要的适宜温度条件，温度过高或过低都对棉花产量有很大影响。

具体积温条件，是需要根据当地作物来进行观察的。一定要清楚，如果当地没有种植棉花，最大的可能性是当地实在没有办法种。

（6）日照条件：阳光既是光合作用的动力，又是地面上的热量来源。公道密植，改善棉田的光照条件，对棉花的生长发育极为重要。

（7）病虫草害：①棉花的病害。在棉花生长的各个阶段，有多种病害发生。我国已发现的棉花病害有40多种，危害最严重的是棉花枯萎病和黄萎病，其次是棉花的苗期病害。②棉花的虫害。我国棉区分布辽阔，自然条件差异大，棉花害虫种类繁多。据记载我国棉花害虫已知的有300多种，其中常见的有20～30种，十分常见的有15种之多。所以，加强棉花田间治理，防止或减少棉花病虫害的发生，对棉花的优质、高产有着重要的作用。

（8）管理者经验：棉种的选择及植棉者的治理生产经验也将影响棉花的产量。

第二章

肥　料

肥料就是植物的饭。咱们说棉花，肥料就是棉花的饭。

化学诞生的时间本来不长。当然，非要把古代的炼金术、炼丹术计算上，那么就很长很长了。在我国，首次使用化学一词的是出版于1856年的《格物探原》一书。

Wylie在上海出版的刊物《六合丛谈》的《小引》中写道：“今予着《六合丛谈》一书，亦欲通中外之情，载远近之事，尽古今之变，见闻所逮，命笔志之，月各一篇。”又说：“比来西人之学此者，精益求精，超前轶古，启明哲未言之奥，辟造化未泄之奇。今略举其纲：一为化学，言物各有质，自有变化，精诚之上，条分缕析，知有六十四元，此物未成之质也。”而在英文中，化学这个词和炼金术、药房有很深的渊源。

肥料和管理水平是人为因素决定的。老话说“三分天注定，七分靠打拼”也就是这个理。七分靠打拼，用什么打拼？赤手空拳肯定是不行，要靠武器。肥料就是我们的武器。

肥料充足，才能够有高产的底子。俗话说，人是铁饭是钢，一顿不吃饿得慌。肥料就如同棉花的饭一样，在影响棉花产量方面，仅次于天气、水、管理水平，所以肥料是至关重要的。

氮肥相当于饭，磷肥相当于菜，钾肥相当于盐。氮磷钾是植物生长必需的三大营养元素。有机肥相当于汤，促进消化；中微量元素相当于调料，微微一点，效果立变。

简单介绍其效果之后，我们开始介绍其具体的作用机理。

植物必需元素有16种（另一种说法是17种）：碳（C）、氢（H）、氧（O）、氮（N）、磷（P）、钾（K）、钙（Ca）、镁（Mg）、硫（S）、铁

（Fe）、锰（Mn）、锌（Zn）、铜 （Cu）、钼（Mo）、硼（B）和氯（Cl）。当然，生物菌也很重要。而人必需的就要多一点，多数科学家认为人的必需元素一共有29种。

我们把植物中需要人为补充的元素挑出来说，把碳氢氧去掉，因为碳氢氧大部分是靠空气和水来获取的。

一、氮（N）

（一）氮的发现史

氮虽然在宇宙中存在很久，但是人们发现它是最近几百年的事情了。

我们以前说雷雨肥庄稼，这个说法和氮有一定的关系。因为雷电往往把这个氮的三键给劈开了，然后形成盐，可以被植物吸收利用。

1772年英国化学家布拉克（J. Black）的学生卢瑟福（D. Rutherfard）发现，把老鼠放进密封的器皿里，待老鼠闷死后，器皿内空气的体积较前减少了十分之一，若再用碱液吸收器皿内剩余气体，则又失去十分之一的体积。他用此法除去空气中的O_2、CO_2，并研究所余气体的性质，发现这些气体不能维持动物生命，不能灭火，还不能溶于氢氧化钾溶液中，因此命名该气体为“蚀气”或“恶气”（Mephitic air）。它源自拉丁词mephitic，意为“有毒的气体”，但卢瑟福并不承认这种“蚀气”是空气的一种成分。

1790年，法国化学家查普塔（J. A. Chaptal）把这种气体称作“Nitrogen”。意指它是某种可以构成硝石的东西，因这种气体构成了常见的化学物质“硝石”分子的一部分。法语中的“硝石”叫Nitre。当时给新气体命名时都加上词尾“-gen”，来自希腊语中的后缀“-genes”，意为“出生”或“被产生出来”。因此，Nitrogen一词的原意就是“从硝石中产生出来的东西”。

而N，就是Nitrogen的简写。

中国清末化学启蒙者徐寿在第一次把氮译成中文时曾写成“淡气”，意思是说，它“冲淡”了空气中的氧气。

德国莱比锡大学化学教授弗列德里希·奥斯特瓦尔德发现，使用铁丝作催化剂，将氮气和氢气一同加热，能够合成一定量的氨气。而氨气则很容易地合成尿素和硝铵，成为化肥和炸药的原料。

德国化工寡头巴斯夫公司对这个发现表示出了极大的兴趣，立即买下了这个实验成果，并投入大量资金，聘请各路专家进行进一步的研究，期待合成氨可以尽早应用在工业生产中。

在合成氨研究屡屡受挫的情况下，哈伯知难而进，对合成氨进行全面系统的研究和实验，终于在1908年7月在实验室成功合成氨，虽然产率仅有2%，却也是一项重大突破。

合成氨工艺出现之后，尿素就有了原料基础。尿素是氨气和二氧化碳合成的。

1773年，伊莱尔·罗埃尔（Hilaire Rouelle）发现尿素。1828年，德国化学家弗里德里希·维勒首次使用无机物质氰酸铵与硫酸铵人工合成了尿素。本来他打算合成氰酸铵，却得到了尿素。尿素的合成揭开了人工合成有机物的序幕。

（二）氮肥的作用

在新疆，最主要的氮肥品种就是尿素，其他的比如硫酸铵，几乎见不到。但是近两年，尿素的价格有点偏离正常轨道，所以硫酸铵又出现在市面上了。

具体来说，尿素的含氮量是46%左右。在土壤中溶解为碳酸氢铵后，被植物吸收。碳酸氢铵比尿素速效性要好。

铵态氮在根系吸收的时候是需要消耗糖分的，所以在使用的时候搭配一些含糖量高的肥料，比如糖渣（市面常见生化源黄腐酸），对于氮肥的吸收是有好处的。

氮元素在包装袋上是用N表示的。如果在一个包装袋上有标示N-P-K 15-15-15，代表氮元素占15%，磷元素占15%，钾元素占15%。这个是国家标准。

氮肥和磷肥同时缺少的时候，光补充一种肥料作用不大，而同时补充两种物质，能够出现非常好的肥效。这个现象，在专业术语上叫作氮和磷之间的连锁反应，也叫作正交互作用。

氮对植物的作用如下：

（1）是叶绿素的组成元素。所以，氮肥缺少的表现是叶片失绿，不正常。

（2）是蛋白质和核酸的组成元素。核酸是携带遗传特性的物质。蛋白质也是原生质的基础物质。原生质是细胞内的生命物质总称。总之一句话，氮素很重要，有了它才有植物的生命。

当然，也不是越多越好，氮素多了，蛋白质就多了，蛋白质多了，细胞壁就薄了，叶片就会柔软多汁、肥大，蕾铃少、易脱落，烂铃多。

棉花缺氮的表现，从外观上就能够看得出来，最明显的就是叶片淡绿甚至发黄，出现早衰。其次，就是叶片薄小，植株矮小，双子叶植物分枝少、分杈少。

（3）氮素是很多酶的组成元素。酶这个东西不好解释，不过大家做过馒头，酶的作用就类似于那个留在后面不用的酵头一样，有了它，馒头发起来特别快。

二、磷（P）

（一）磷的发现史

磷在燧石中常有。通过考古发现，我国的很多陶瓷里面也有。磷作为单独的物质，在我国古代鲜有文献记载。但说到鬼火，各种记载倒是很常见。我国自汉朝就开始使用骨粉肥田，当时也不知道什么机理，属于经验。而欧洲在1775年才开始使用。

1669年，德国汉堡一位叫布朗特（Brand）的商人在以强热蒸发人尿试图获取黄金的过程中，意外地得到一种像白蜡一样的物质，在黑暗的小屋里闪闪发光。这从未见过的白蜡模样的东西，虽不是布朗特梦寐以求的黄金，可那神奇的蓝绿色的火光却令他兴奋。布朗特发现这种绿火不发热，不引燃其他物质，是一种冷光。于是，他就以“冷光”的意思命名这种新发现的物质为“磷”。磷的拉丁文名称Phosphorum，就是“冷光”之意。它的英文名称是Phosphorus，化学符号为P。

在这个发现的基础上，火柴就出现了。不过这个时候的火柴叫作白磷火柴，大家熟悉的卖火柴的小女孩卖的就是这个。单质磷易燃，是非常危险的存在，所以这种火柴不安全，动不动就会烧了整个房子，后来被安全火柴所取代。

1842年，李比希的学生鲁茨（英国洛桑农业试验站的创始人）取得了制造普通过磷酸钙的专利，并于第二年采用兽骨加硫酸制成过磷酸钙，之后逐渐发展出磷肥工业。1958年，南京磷肥厂率先建成投产，宣告中国磷肥工业的诞生。

（二）磷在植物中的作用机理

磷肥是重要性仅次于氮肥的肥料。对于棉花来说，氮肥是主要针对叶片，磷肥主要是针对果实的。磷是核酸、核蛋白、磷脂、植素、磷酸腺苷和酶的组分。

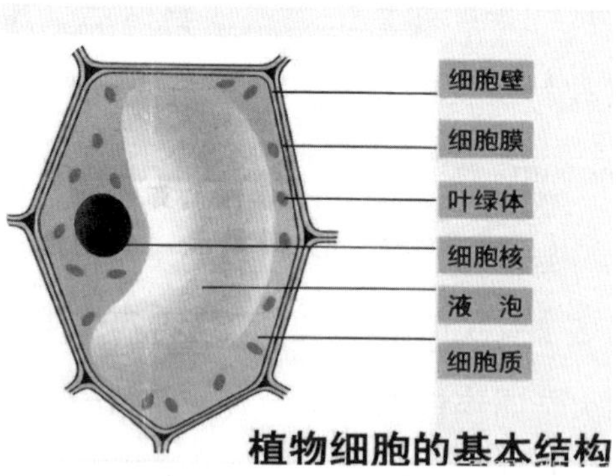

图2-1　植物细胞结构

（1）核蛋白是核酸和蛋白质的合称。这个东西主要分布的地点在小叶子、新芽、根尖等生长旺盛的位置。同时，它担负着细胞增殖和遗传变异的功能。

（2）磷脂的作用是和蛋白质结合形成细胞膜质结构，这相当于细胞的房门。一般来说，磷肥比较充足的情况下，病害就会比较少。磷脂既有酸性基，又有碱性基，可以提高作物的抗盐碱能力。

（3）植素是种子中磷的贮存形式。植素含量高的时候，种子质量就比较好，而且有利于生育后期的淀粉积累。有很多的农户施磷肥不足，导致棉花的棉桃多，但是产量不高。

（4）磷酸腺苷（ATP）是植物能量贮存和供应的中转站，可以理解成植物的电池。

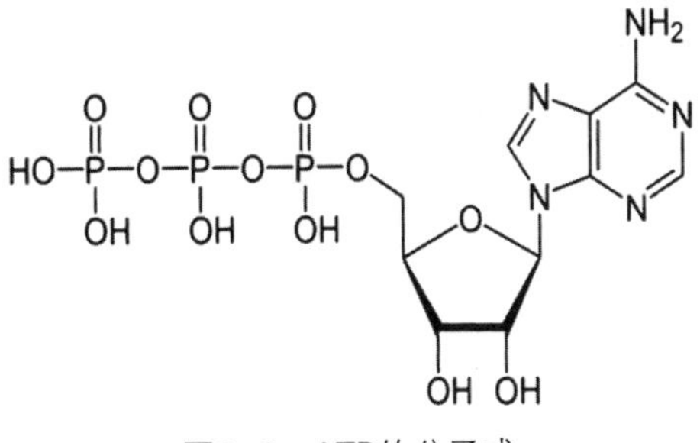

图2-2 ATP的分子式

细胞内ATP与ADP相互转化的能量供应机制，是生物界的共性。从生物能量学的角度来看，ATP是生化系统的核心，即各种生化循环（如卡尔文循环、糖酵解和三羧酸循环等）均与ATP相耦联，或者说将ATP-ADP与各种代谢（合成与分解）相耦联。ATP是光能转化为化学能的唯一产物，而遗传系统是生化系统的一部分，因此，ATP被认为在遗传密码子的起源中起到了关键作用。

作物缺少磷肥的时候，从外观上很难判断，只有严重缺少磷肥的时候，才能够看到开花和成熟推迟。磷肥过多，虽然没有氮肥那么敏感，但是特别容易造成缺锌，致使植物的早衰。

磷肥对于大豆类作物可以增加根瘤菌，以磷增氮。

（三）磷肥种类和合成

一般来说，我们把过磷酸钙、重过磷酸钙等作为磷肥。磷酸一铵、磷酸二铵现在都被当作复合肥，但是，传统上，我们是将他们归为磷肥的。现在的磷酸脲、777、酸式磷酸钾，我们也是作为磷肥对待的。

磷肥主要有热法制备（先制作黄磷再做磷酸）、湿法制备（通过不纯的酸逐步提炼）两种方案。

三、钾（K）

说到钾肥，很多农户问，新疆不缺钾，为啥还要上钾肥？

这个和咱们前面提到的斯坦福公式中的系数有关。总之一句话，棉花上钾肥可以增产，就是这个原因。

（一）钾的发现史

在1807年，汉弗里·戴维（化学家，煤矿的矿灯就是他研发的）电解熔融氢氧化钾发现有金属小球形成，这就是钾。他注意到当把钾扔到水里时，钾会在水面上浮动并燃烧，发出美丽的紫色的火焰。

钾的名称来源于拉丁文Kalium，原意是“碱”。19世纪70年代，徐寿（中国近代化学之父，曾国藩的幕僚）在翻译《化学鉴原》时结合音译和会意的方法创造了新汉字“钾”，并表示钾的活泼性在当时已知的金属中居于首位。

（二）钾肥的作用

钾肥主要解决的是“运输”问题。所有的有机组成，都不含钾肥，钾肥最主要的功能是传递，就如同运输车辆的作用。这点很多棉农不太明白，说一个简单的道理，棉花所有的养分都是从土壤中传递上来的，如果没有钾肥的存在，那么养分的移动速度就像走路，有了钾肥的作用，就如同坐车。所以，使用钾肥能够增产。

钾肥的具体作用如下：

（1）促进淀粉和糖分的合成。钾肥充足的情况下，有利于作物的光合作用，氮肥的吸收率增加，促进了植物的营养向蔗糖和淀粉方向转移，可以提高比如红薯、土豆、各类瓜果的淀粉和糖的含量。上钾肥多的瓜果都是非常甜的。

但要注意：氯化钾容易造成瓜果畸形。

（2）增加油脂和蛋白质的含量。这点对于棉花籽饱满程度是十分重要的。如果棉花没有籽粒饱满，产量会低很多。

（3）增强作物的抗逆性。钾肥能够使作物体内的单糖减少，纤维素增多，细胞壁变厚。就像房子的墙比较厚，能够抵挡飞沙走石一样。同时，能够增强水分和营养的吸收，在供水不足的时候，能够使叶片气孔关闭。

棉花缺钾的时候容易发生红叶茎枯病。一般情况下，在暴雨过后突然放晴容易出现这种情况。在苗期和营养期，这种病的表现是叶黄、花斑、茎枯，又称花斑黄色茎枯病；在花期主要是主茎上部叶片出现黄色花斑，然后变为红色，叶脉仍然为绿色。红叶茎枯病的解决方案很简单：在8月暴雨前的一水加施磷酸二氢钾，雨后喷锌肥+芸苔素就可以了。

（三）钾肥的种类

钾肥分为氯化钾、硫酸钾、硝酸钾。当然，很多人把磷酸二氢钾作为钾肥也是可以的。市面上很多人说滴灌钾肥、晶体钾肥，基本上指的就是氯化钾。

四、钙（Ca）

补钙肥，不仅仅是补充肥料，对于棉花的虫情和病情控制也有好处。很多农户在7月喷施过磷酸钙的水溶液，认为有防虫功效，实际上是有根据的。钙在很多作物中是非常重要的元素。

在我国划分中，把钙、镁、硫作为中量元素来对待。大量元素重量一般占生物体干物重的1%以上。中量元素重量一般占生物体干物重的0.1%～1%。微量元素在生物体中存在量极少，通常指重量占生物体干物重少于0.01%的矿物质。

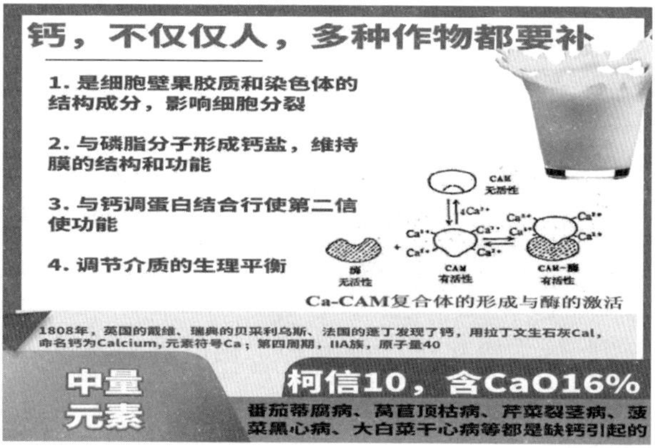

图2-3　钙的作用

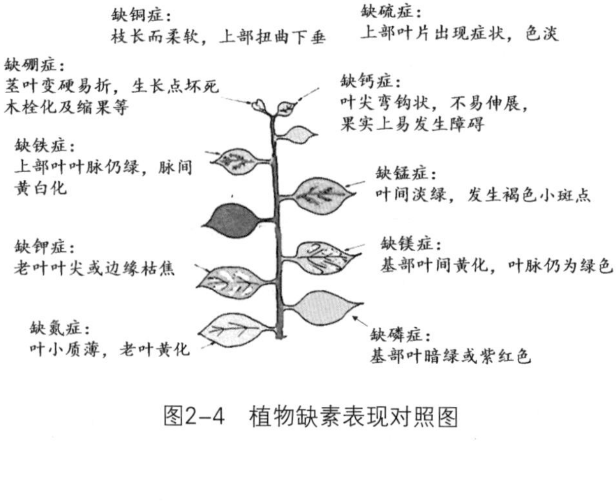

图2-4　植物缺素表现对照图

（一）钙的发现史

在以前，化学家们将从含碳酸钙的石灰石中焙烧获得的钙的氧化物当作是不可再分割的物质。在1789年拉瓦锡发表的《元素表》中就列有它。但戴维不顾这些，在1808年开始尝试对氧化钙进行电解。

1808年5月，戴维从贝齐里乌斯和瑞典皇家医生蓬丁共同电解生石灰和水银获得混合物取得钙的实验中获得了启发。他将湿润的生石灰和氧化汞按3∶1的比例混合后，放置在一铂片上，与电池的正极相接，然后又在混合物中做一洼穴，灌入水银，插入一铂丝，与电池的负极相接，得到较大量钙汞合金。把钙汞合金蒸馏后得到了银白色的金属钙。

从此钙被确定为元素，并被命名为Calcium，元素符号是Ca。Calcium来自拉丁文中表示生石灰的词Calx。

我国古代汉字中是没有“钙”的，这个字是徐寿发明创造的。他参与了中国的第一台蒸汽机和中国第一艘蒸汽轮船的制造，创办了中国第一个科技学校，并且还是第一个在*Nature*发表文章的中国人，被誉为我国近代化学的先驱。

图2-5　徐寿翻译的书籍

西名	分劑	西號	華名
Carbon.	六	C.	炭
Kalium.	三九二	K.	鉀
Natrium.	二三	Na.	鈉
Lithium.	六九	Li.	鋰
Caesium.	一三三	Cs.	鏭
Rubidium.	八五三	Rb.	鉫
Barium.	六八五	Ba.	鋇
Strontium.	四三八	Sr	鎴
Calcium.	二〇	Ca.	鈣
Magnesium.	一二二	Mg.	鎂
Aluminum.	一三七	Al.	鋁
Glucinum.	六九	G.	鋊
Zirconium.	二二四	Zr.	鋯

图2-6　徐寿翻译的化学元素名称选节

（二）钙的自然界循环

地球上的钙循环建立了地质构造、气候和碳循环之间的联系。简单地说，山脉的隆起使含钙岩石暴露在空气中，并将钙离子释放到地表水中。这些离子被输送到海洋，并与溶解的二氧化碳反应形成石灰石（$CaCO_3$），然后沉积到海底，在那里它被结合到新的岩石中。溶解的CO_2连同碳酸盐和碳酸氢盐离子，被称为“溶解性无机碳”。实际反应更复杂，涉及在海水的pH下CO_2与水形成的碳酸氢根离子（HCO_3^-）。

在海水的pH下，大部分CO_2立即转化成为HCO_3^-。岩石中钙的风化从海洋和大气中清除二氧化碳，对气候产生强烈的长期影响。

（三）钙在植物中的作用机理

钙在植物体内主要依靠蒸腾拉力的作用在木质部移动，因为叶片的蒸腾作用比果实更强，所以，更多的钙会转运到叶片中。

如果是在果树上，幼果的蒸腾作用比老果强，更多的钙会转运到幼果中。这也是香梨、苹果、红枣等果树上大果发病率高于小果的一个主要原因。

（1）植物类的钙呈离子状态。钙主要存在于叶子的老的器官和组织中，它是一个比较不易移动的元素。钙在生物膜中可作为磷脂的磷酸根与蛋白质的羧基之间联系的桥梁，因而可以维持膜结构的稳定性。

（2）胞质溶胶中的钙与可溶性蛋白质即钙调蛋白（又称钙调素，Calmodulin，CaM）结合，形成有活性的Ca-CaM复合体，在代谢调节中起“第二信使”的作用。

（3）钙是构成细胞壁的一种元素（细胞壁在细胞中好比人的骨架）。细胞壁的胞间层是由果胶酸钙组成的。缺钙时，细胞壁形成受阻，影响细胞分裂，或者不能形成新细胞壁，出现多核细胞。因此缺钙时生长受抑制，严重时幼嫩器官（根尖、茎端）溃烂坏死。番茄蒂腐病、莴苣顶枯病、芹菜裂茎病、菠菜黑心病、大白菜干心病等都是缺钙引起的。

（4）钙离子和钾离子共同作用调节气孔闭合。气孔关闭时，关闭信号会刺激钙离子进入胞质溶胶，使膜去极化，打开阴离子通道，释放氯离子和苹果酸。

依照此原理，阴离子的丧失会进一步去极化，打开钾离子通道，钾离子就被动地伸出到邻近的副卫细胞和表皮细胞，气孔就关闭。根据这个原理，一般来说，在高温天气，喷施钙肥，有非常强的抗旱作用，大多数抗旱产品都是靠这个原理生效的。

（5）钙在细胞膜中作为磷酸与蛋白质的羧基之间联结的纽带起作用，也就是相当于一个通讯员，钙在植物中来来回回传递各种信息，在植物对离子的选择性吸收、生长、衰老、信息传递及抗逆性方面有很重要的作用。

（6）钙肥在很多的时候，可以和草酸结合，形成草酸钙，在抗虫方面有极强的作用。比如棉铃虫趋向去草酸味重的区域产卵，而钙可以驱避棉铃虫。

五、镁（Mg）

镁肥非常便宜，而且效果非常好，所以在这里独立介绍。

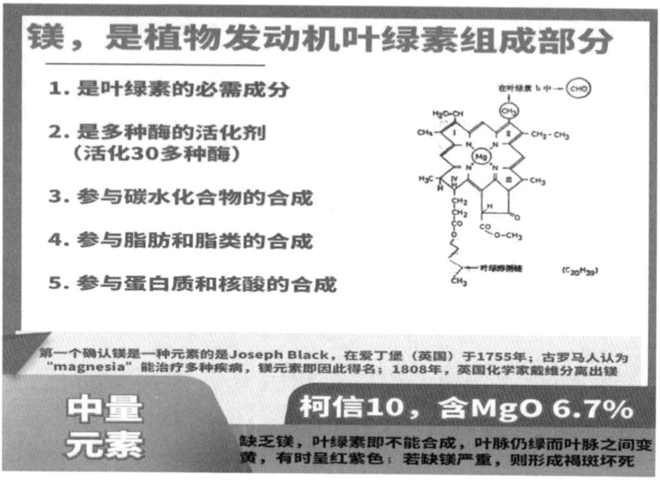

图2-7 镁肥的作用机理

（一）镁的发现史

第一个确认镁是一种元素的人是Joseph Black，在1755年。他辨别了石灰（氧化钙，CaO）中的苦土（氧化镁，MgO），两者都是由加热碳酸盐岩、菱镁矿和石灰石来制取。另一种镁矿石叫作海泡石（硅酸镁），于1799年由Thomas Henry报告，他说这种矿石在土耳其更多用于制作烟斗。

提到镁，大多数情况下说的都是化合物，不是单质。纯净但非常小量的金属镁在1808年由Humphry

Davy电解氧化镁制取。1831年，法国科学家Antoine-Alexandre-Brutus Bussy使用氯化镁和钾反应制取了大量的金属镁，之后他开始研究镁的特性。

希腊Magnesia地区出产的一种白色镁盐，镁元素即因此得名。汉字中的“镁”字是徐寿创造的。

（二）镁在植物中的作用机理

镁主要存在于幼嫩器官和组织中，植物成熟时则集中于种子。

（1）镁肥是叶绿素的组成部分，是叶绿素这个有机化合物的唯一金属成分，是叶绿素的核心。叶绿素的分子式如图2-8。

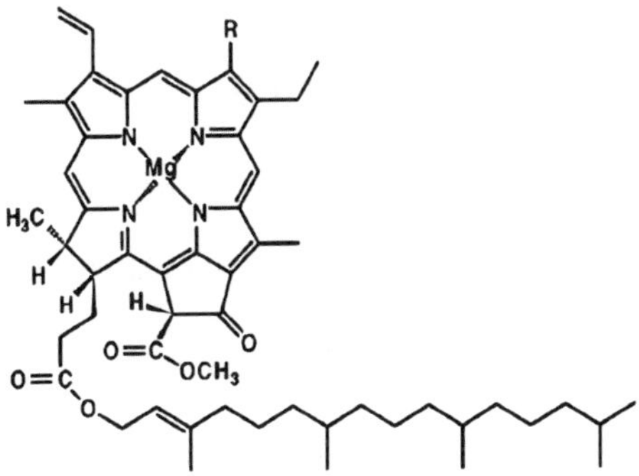

叶绿素a：$R=CH_3$
叶绿素b：$R=CHO$

图2-8 叶绿素的分子式

新疆最常见的叶面肥苗勃蕾旺的成分里面也有镁肥。

（2）镁肥是多种酶的活化剂。镁离子在光合和呼吸过程中，可以活化各种磷酸变位酶和磷酸激酶。同样，镁也可以活化DNA和RNA的合成过程。

（3）镁还是聚合糖体的成分，参与了碳水化合物、脂肪、蛋白质核酸的合成。

当植物缺镁时，其突出表现是叶绿素含量下降，并出现失绿症。由于镁在韧皮部的移动性较强，缺镁症状常常首先表现在老叶上，逐渐发展到新叶。

缺镁时，植株矮小，生长缓慢。双子叶植物缺镁时叶脉间失绿，并逐渐由淡绿色转变为黄色或白色，还会出现大小不一的褐色或紫红色斑点或条纹；严重缺镁时，整个叶片出现坏死现象。

禾本科植物缺镁时，叶基部叶绿素积累出现暗绿色斑点，其余部分呈淡黄色；严重缺镁时，叶片褪色而有条纹，特别典型的是在叶尖出现坏死斑点。

缺镁对叶绿体中淀粉的降解、糖的运输和韧皮部蔗糖的卸载有较大影响，而对光合作用本身的影响相对较小。许多代谢过程需要高能磷酸盐，因此镁对能量的转移影响极大。缺镁降低光合产物从“源”（如叶）到“库”（如根、果实或储藏块茎）的运输速率。缺镁对根系的影响要比对地上部的影响大得多，从而导致根冠比的降低。

六、硫（S）

硫肥，作为单质的肥料，基本上不需要补充，因为大家常见的硫酸钾、硫酸铵里面都含有。

但是，也不乏例外，原因是很多农民没有上过硫酸钾或者硫酸铵。

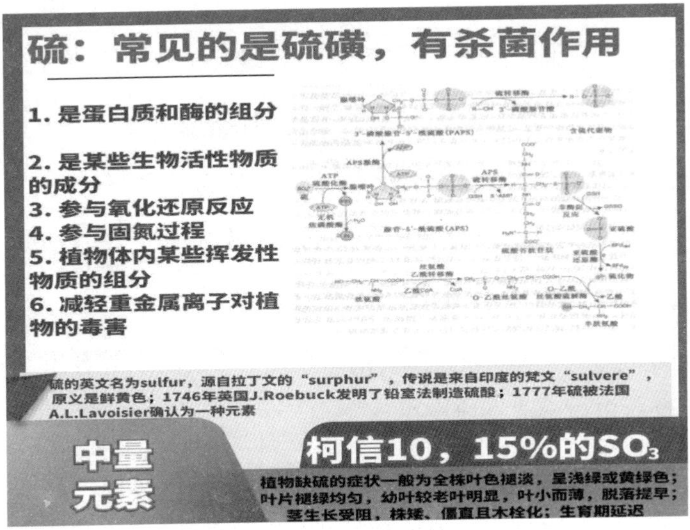

图2–9 硫的作用机理

（一）硫的发现史

硫的英文名为Sulfur，源自拉丁文的“Surphur”，传说是来自印度的梵文“Sulvere”，原义是鲜黄色。

指示硫的英文词头为“Thio”，起源于希腊语中的“Theion”（即硫黄）。硫代化合物一般都是这个字根。当然，这个也不是绝对的。

硫在远古时代就被人们所知晓。大约在4 000年前，埃及人已经会用硫燃烧所生成的二氧化硫来漂白布匹，古希腊和古罗马人也能熟练地使用二氧化硫来熏蒸消毒和漂白。

公元前九世纪，古希腊著名诗人荷马在他的著作里讲述了硫燃烧时有消毒和漂白的作用。

硫在古代中国被列为重要的药材，在《神农本草经》中所记载的46种矿物药品中就有石硫黄（即硫黄）。这部著作还指出，石硫黄能化金银铜铁，奇物。这说明古人当时已经知晓硫能与铜、铁等金属直接作用而生成金属硫化物。

宋代之前的硫黄，大多数是天然的硫黄矿，陕西就有。之后的，大多数是由其他矿提纯的。

火药的出现促进了硫黄的提取和精制技术的发展。《太清石壁记》有用升华法精制硫黄的记载。明代晚期宋应星的《天工开物》一书中对从黄铁矿石和含煤黄铁矿石制取硫黄的操作方法作了详细的叙述。

德国化学家海因里希·斯涅勒（Heinrich Snell）在1617年将硫黄与其他物质分离，但没有命名。1777年，硫被拉瓦锡确认为一种元素。在此之后，硫迅速成为与近代化学工业和现代化学工业密切相关的最重要的元素之一。

硫是硫酸的核心原料，在化肥中地位十分重要。一般看硫黄的价格涨跌，基本上就可以判定磷肥价格的涨跌了。

（二）硫的生物功能

植物细胞中大多数硫都是从根系吸收的硫酸根衍生而来。所以，一般来说补充硫以硫酸铵、硫酸钾为主。

植物体中，硫是几种具有多种功能的元素之一：

（1）在蛋白质结构和功能调节方面具有重要作

用。因为在半胱氨酸中的硫基团常形成双硫桥，决定了蛋白的空间结构。

（2）以铁硫蛋白的形式参加光合作用和呼吸电子传递。

（3）一些酶和辅酶的催化位点如脲酶和辅酶A含有硫。

（4）从根瘤菌结瘤因子到大蒜的抗菌酸氨酸中都含有次生含硫化合物。

硫黄在植物中多作为杀菌剂使用，也兼顾杀虫，如石硫合剂。硫黄粉一般在田间喷施，可以防治一些瓜类病害，驱避虫害。

常见的含硫的肥料有硫酸钾、硫酸铵、硫酸镁、硫酸亚铁、石膏、硫黄粉。

七、锌（Zn）

在盐碱地，经常用苗勃蕾旺+一水硫酸锌喷施，其核心的成分实际上是锌肥。

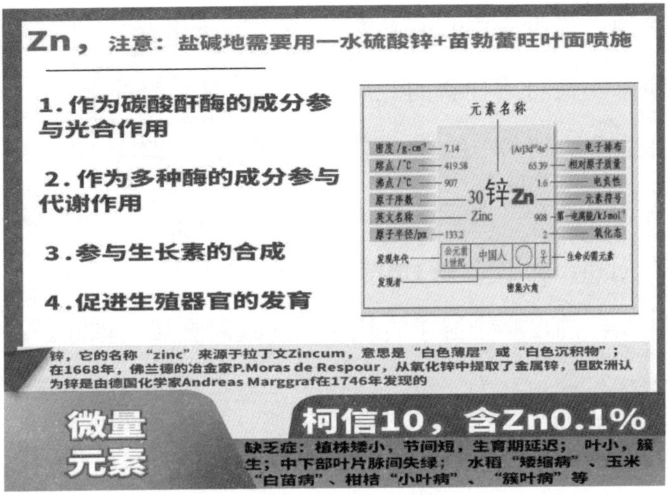

图2-10 锌肥的作用机理

（一）锌的发现史

在1668年，佛兰德（西欧古地名，大概在现在的比利时）的冶金家P. Moras de Respour从氧化锌中提取了金属锌。但欧洲普遍认为，锌是由德国化学家马格拉夫发现的。

1746年，马格拉夫在研究氧化铅矿石时，从其铅室中分出了一种新的金属氧化物，他经过实验得知这种金属可以与稀硫酸反应，生成一种具有甜味的白色沉淀物，这种沉淀物经过滤干燥后，在空气中会迅速

图2-11 锌

变硬，形成一层紧密的白色粉末。他将这种新的金属氧化物称为“锌”。锌，它的英文名称Zinc来源于拉丁文Zincum，意思是“白色薄层”或“白色沉积物”。

锌的汉字来源于古代中国对这种金属的称呼。在古代，锌被称为“鐎”。这个字在古代汉语中表示一种烹饪用的金属锅，其材质就是锌。后来，“鐎”字演变成了现代汉语中的“锌”字。

（二）锌在植物中的作用

锌在植物体内的作用非常重要，它参与了多种生物化学反应和代谢过程。

（1）促进光合作用，是一些酶和一些辅酶的组成部分。锌是碳酸杆酶、磷脂酶、黄素酶、二肽酶、谷氨酸脱氢酶、苹果酸脱氢酶、乙醇脱氢酶、L–乳酸脱氢酶、D–乳酸脱氢酶、D–三磷酸甘油醛脱氢酶、D–乳酸细胞色素C还原酶和醛缩酶等的主要组成部分。

（2）参与生长素吲哚乙酸的合成。锌可以促进色氨酸合成，而色氨酸则是合成生长素的前身。缺锌时，作物体内生长素合成减少，生长发育出现停滞状态。一般缺少锌肥的时候，生长素含量下降，导致生长发育出现停滞状态，节间缩短，形成小叶簇生的现象。色氨酸合成反应方程式见图2-12。

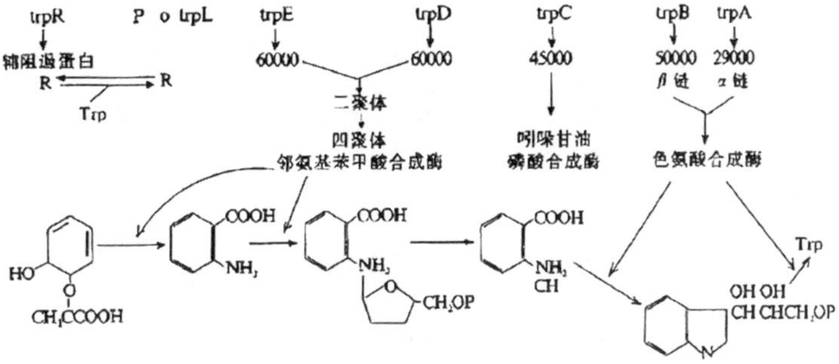

图2-12 吲哚合成色氨酸的方程式

（3）促进作物蛋白质的合成。锌是RNA聚合酶的组成成分，参与了蛋白质的合成。同时，锌也是核糖核蛋白体的组成成分，参与了核糖核蛋白体的合成。这对于植物的生长发育和代谢过程至关重要。

（4）稳定作物细胞核糖。锌是稳定作物细胞核糖的必要成分，缺锌时，作物体内核糖核酸和核糖体减少。

（5）锌元素决定花粉的大小和强度。所以，一般我们在现蕾前期，用锌肥和硼肥的配方，是比较好的选择。

（6）稳定作物的呼吸作用，提高抗逆性，调节作物对磷肥的吸收。

总之，锌在植物体内的作用是多方面的，对于植物的生长发育、光合作用、蛋白质合成等都起着重要的作用。缺锌会导致植物生长发育受阻、光合作用减弱、蛋白质合成受阻等问题。因此，在农业生产中，应注意补充锌元素，以提高植物的生长发育和产量。

棉花缺锌的表现，是从第一片真叶开始，幼叶就是青铜色，叶脉间明显失去绿色，叶片变得很厚，轻轻一碰就碎，叶缘向上卷曲；植株低矮，现蕾结铃推迟，而且蕾铃容易脱落。

在锌肥的补充中，大部分采用叶面补充的模式。原因很简单，在新疆很多区域，土壤偏碱性，如果没有调酸手段，那么一般都是通过叶片补肥。

常见的补充方式为：

苗勃蕾旺+一水硫酸锌进行叶面喷施，这个主要针对的是盐碱地。

液体锌肥的喷施，这个主要针对的是普通土地。

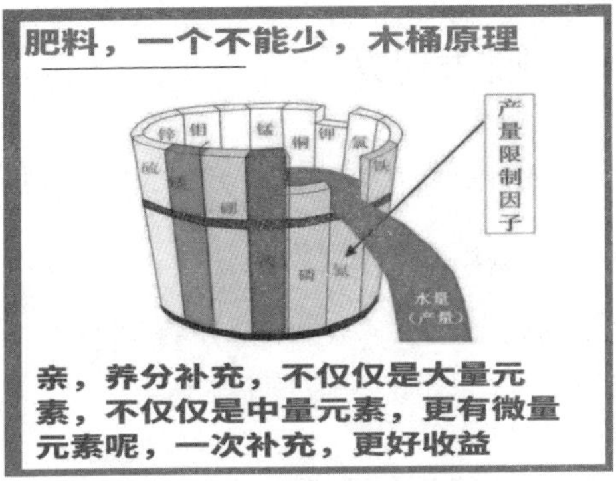

图2–13　肥料木桶原理

八、硼（B）

硼在棉花生长发育中也很重要。

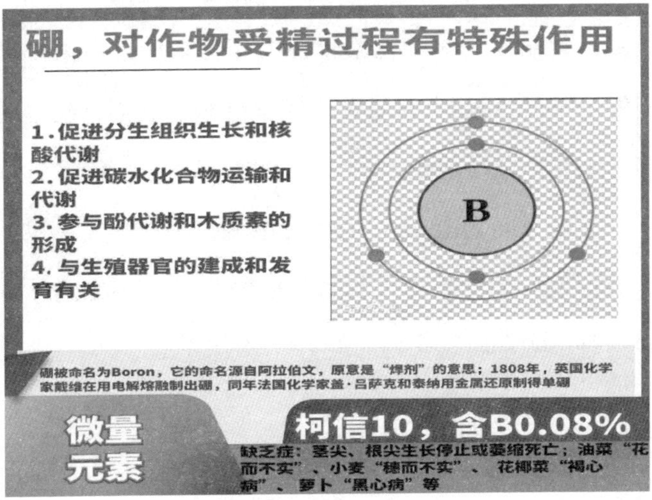

图2–14　硼的作用机理

（一）硼的发现史

硼化合物的发现和使用最早可以追溯到古埃及，如古代埃及制造玻璃时已使用硼砂。我国古代炼丹家也使用过硼砂，但是其化学成分直到19世纪初还是个谜。

1808年，英国化学家戴维在用电解的方法发现钾后不久，又用电解熔融三氧化二硼的方法制得棕色的硼。同年，法国化学家盖·吕萨克和泰纳用金属钾还原无水硼酸制得单质硼。

实际上，他们都没有生产出纯净的硼元素。更纯净的硼是由亨利·穆瓦桑于1892年提取的。后来，美国的E. Weintraub点燃了氯化硼蒸气和氢的混合物，生产出了完全纯净的硼。

硼被命名为Boron，它的命名源自阿拉伯文，原意是“焊剂”的意思。说明古代阿拉伯人已经知道了硼砂具有熔融金属氧化物的能力。

（二）硼对植物的作用

（1）硼是高等植物特有的必需元素。硼能与游离状态的糖结合，使糖容易跨越质膜，促进糖的运输。硼参与作物体内糖的运输与代谢，缺硼的时候，作物体内碳水化合物代谢发生混乱。

（2）与作物的生长素合成或者利用有关。虽然没有证实硼在生长素代谢中起到某种特别的作用，但是硼对根部的生长是肯定有促进作用的。

硼肥能够间接控制作物体内的吲哚乙酸的作用。在苗期的时候，尽量不要使用硼肥。硼肥应该在花芽分化的时候使用，大体上在6月中旬。

（3）影响作物体内的细胞生长和分裂，影响作物的核酸含量。另外，和果胶合成也有关。

（4）硼肥和6–磷酸葡萄糖络合，能够抑制6–磷酸葡萄糖的活性。6–磷酸葡萄糖是个很具有破坏力的东西，这个东西积累起来，就容易出现组织坏死，比如褐腐病和心腐病。

（5）植物各器官间硼的含量以花最高，花中又以柱头和子房最高。没有硼，植物就不能够形成正常的生殖器官，具体表现为花药和花丝萎缩、花粉管形成困难。硼肥能够促进D–半乳糖的形成，增加L–阿拉伯糖转入花粉管薄膜果胶部分的数量，促进花粉的萌发，有利于花粉管的生长。

（6）硼肥对根瘤有很重要的作用，如果没有硼肥，根瘤则生长不良，植株生长也受到阻碍。

（7）硼肥参与酚的代谢和木质素的代谢。

硼肥的作用很大，但是要记住一点，硼肥使用的时间在现蕾前期，如果在苗期使用，容易造成生长点抑制。

图2-15　硼元素示意图

棉花属于中度敏感的作物，棉花叶花果以及根和茎的正常生长都会受到硼肥的影响。

判定是否缺硼，看根系是否发育不良、维管束是否受到损害、生长点是否坏死（生长素浓度过大的时候，生长点会容易出现坏死）。苗期和蕾期缺硼的表现为：叶片变厚、变大、变脆，暗绿没有光泽，上部叶片萎缩。

此外，当叶柄上出现一圈一圈的环带时，我们就可以认为这个棉花可能缺硼。

注意：硼肥是碱性的，不能和农药一同喷施，否则会影响农药效果。磷酸二铵同理。

九、铁（Fe）

铁的作用机理见图2-16。

图2-16 铁的作用机理

（一）铁的发现史

人类最早发现的铁是天空掉落下的陨石中的，很多陨石的含铁量很高，因此，铁在当时被认为是带有神秘性的最珍贵的金属，它被认为是神圣的材料，是神的馈赠，埃及人干脆把铁叫“天石”。在古希腊文中，“星”与“铁”是同一个词。但由于陨石来源极其稀少，从陨石中得来的铁对当时的生产没有太大作用。

后来，古人在冶炼青铜的过程中，偶然有一些铁矿石混了进去，在合适的环境下炼出铁来。铁器的出现，实际上让生产力获得了极大的发展，推动了人类社会从奴隶制变成封建制的进程。

（二）铁肥在棉花中的作用机理

铁在作物体内是很多酶的组成部分，由于它经常位于某些重要的活性部位上，所以很重要。

（1）有利于叶绿素的合成。铁虽然不是中间元素，但叶绿素是一层一层的组织结构，就好像一层一层的房子。如果没有铁，叶绿素容易出现崩解。铁肥起的是固定的作用，就好像房子的大梁。

缺铁的叶绿素崩解后，叶片出现严重的失绿现象，这个在葡萄地里面发生比较普遍。

（2）铁肥能够促进氮的代谢、核酸的代谢、蛋白质的代谢。铁肥和铜肥，在硝态氮转化为铵态氮的时候，起着促进作用。

（3）铁与作物的氧化还原过程关系密切。这点和铁在人体内的作用有点类似。

（4）铁能够参与碳水化合物、维生素、有机酸的合成，增强抗病性。保证铁肥充足，能够增强作物的抗病能力，这点是很重要的。如果在6月中旬和8月上旬滴入一定的铁肥，那么抗病能力就增强许多，可有效预防枯黄萎病。

棉花属于铁肥中度敏感作物。

十、锰（Mn）

锰是微量元素，一般土壤存量比较少，所以一般都采用叶面补充的方式进行补充。

图2-17　锰的作用机理

（一）锰的发现史

1742年，瑞典化学家伯格曼在分析瑞典地下黏土时发现了一种新的金属元素，但是没有分离成功。后来他的好友甘恩于1774年分离出了金属锰。伯格曼在对这种新的金属元素进行研究后，将其命名为“锰”（Manganese），源自拉丁语“Manga”，意为“硬石头”。

（二）锰在植物中的作用

锰在植物体内的作用机理主要涉及光合作用和植物

生长调节两个方面。在光合作用中，锰是参与水的光解和电子传递过程的重要元素之一。水在光合作用中分解为氧气和氢离子，而锰是这一反应过程的催化剂。锰也是维持叶绿体结构所必需的微量元素。在叶绿体中，锰与蛋白质结合形成酶蛋白，是光合作用不可缺少的参与者。缺锰，植物膜结构容易遭到破坏，导致叶绿体解体，叶绿素含量下降，直接影响植物光合产物的形成和干物质的积累。

锰还参与了电子传递链中的一些关键步骤，促进植物体内能量转化和物质循环。此外，锰还可以作为植物生长调节剂发挥作用。植物体内的一些酶需要锰的参与才能正常工作，例如淀粉酶、果胶酶等。这些酶在植物的生长和发育过程中扮演着重要角色，对许多酶结构活性起着重要的调节作用。例如促进氮素代谢、直接参与植物的光合作用、调节植物体内氧化还原状况等，都是通过酶活性来实现的。

因此锰的缺乏或过量都会对植物生长造成影响。

十一、铜（Cu）

人类使用铜的历史很长很长。

（一）铜的发现史

人类使用铜及其合金已有数千年的历史。古罗马时期铜的主要开采地是塞浦路斯，因此最初得名Cyprium（意为塞浦路斯的金属），后来变为Cuprum，这是其英语（Copper）、法语（Cuivre）和德语（Kupfer）的来源。

图2–18　铜的作用机理

（二）铜在植物体内的功能

植物根和叶片吸收铜离子（Cu_2^+）及天然铜或合成

有机复合体中的铜。铜的还原态易于结合并还原O_2，其氧化态易于还原。在蛋白质复合体中铜具有高氧化还原势。

铜对于酶的作用独一无二，不可能被其他金属取代。它是多种酶的组成成分。铜与植物的碳素同化、氮素代谢、吸收作用以及氧化还原过程均有密切联系。

（1）铜有利于作物生长发育。铜素的存在能促进蔗糖等碳水化合物向茎秆和生殖器官的流动，从而促进植株的生长发育。

铜肥有利于花粉发芽和花粉管的伸长。在缺铜情况下，植物生殖器官的发育受到阻碍，使植株发生某些生理病害，引起各类作物的穗和芒的发育不全，甚至不能结穗，产量显著降低。

（2）影响光合作用。植物叶片中的铜几乎全部含于叶绿体内，对叶绿素起着稳定作用，以防止叶绿素遭受破坏。可见，铜素供给充足能提高植物的光合作用强度。铜素能增加叶绿素的稳定性，对蛋白质的合成能起良好作用。铜素不足，叶片叶绿素减少，出现失绿现象。

铜与铁一样能提高亚硝酸还原酶和次亚硝酸还原酶的活性，加速还原过程，为蛋白质的合成提供较好的物质（氨）条件。

（3）铜能提高作物的抗寒、抗旱能力。铜能提高冬小麦的耐寒性，而且还能增强茎秆的机械强度，起到抗倒伏的作用。用硫酸铜来处理种子，在低温条件下，对提高棉花种子的发芽率有极好的效果，对玉米发芽率也有明显影响，并能增强其抗御冻害能力。同时，铜对柑橘类的耐寒性提高也有一定的作用。

铜能提高植株的总水量和束缚水含量，降低植物的萎蔫系数，因此，铜素营养充足有利于抗旱性的提高。一旦缺乏铜肥，就会破坏作物的水分平衡，使植株吐水量增多，严重者会显著增加萝卜等作物萎蔫病的发病率。

（4）铜能增强植株抗病能力。铜提高植物抗病能力的作用最为突出。铜对许多植物的多种真菌性和细菌性疾病均有明显的防治效果。

在果树上，使用含硫酸铜的波尔多液来防治作物的多种病害，已成为普遍采用的植保措施之一。从这一点可以看到铜素对提高植物抗病力的重要作用。

据实验表明，土豆施用铜肥，不仅可提高整个生长发育期包括块茎形成期以及贮存期对晚疫病的抗性，而且能减轻细菌病、疮痂病、粉痂病和丝核菌病的感染，甚至在施铜肥后第二年，仍有作用。如果连续施用两年铜肥，其块茎经贮藏后，细菌性软腐病可得到彻底根除。此外，施用铜肥可使菜豆炭疽病、番茄的褐斑病以及亚麻的立枯病、炭疽病和细菌病的感染率显著降低。

十二、钼（Mo）

钼的作用机理见图2–19。

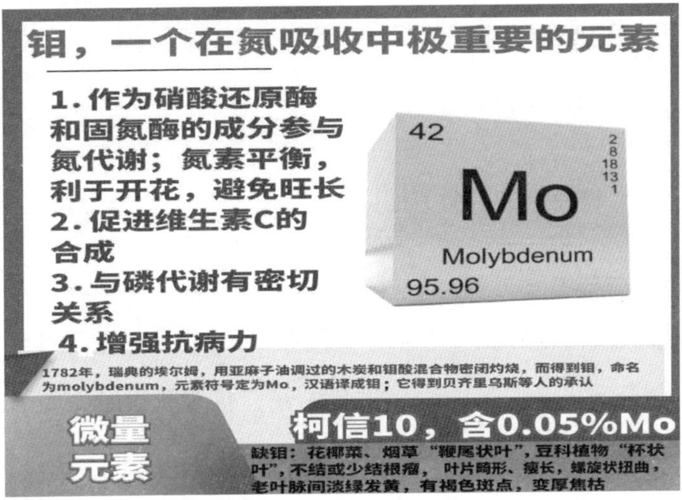

图2–19 钼的作用机理

（一）钼的发现史

1782年，瑞典一家矿场主埃尔姆从辉钼矿中分离出金属钼，命名为Molybdenum，元素符号定为Mo。这一名称后来得到贝齐里乌斯等人的认可。

为啥要得到贝齐里乌斯认可？因为这个人是化学元素符号的首倡者，量子化学大师，在化学的发展中作出了重要贡献。他接受并发展了道尔顿的原子论，以氧作标准测定了四十多种元素的原子量，第一次采用现代元素符号并公布了当时已知元素的原子量表，发现和首次制取了硅、钍、硒等好几种元素，首先使用“有机化学”的概念，是“电化二元论”的提出者，发现了“同分异构”现象并首先提出了“催化”概念。因此他成了化学界的权威人士。

（二）钼的作用机理

（1）钼能促进铁离子等养分的吸收，提高光合速率。缺钼时易引起光合速率下降，糖含量尤其是还原糖含量减少。钼还能减轻过量的锰、锌等元素对作物的毒害。

（2）钼促进磷的吸收和水解，促进植物体内维生素C的合成，有利于糖类的形成和转化。钼能改善碳水化合物，尤其是蔗糖从叶部向茎秆和生殖器官流动的能力，这对促进植株的发育很有意义，有利于作物早熟。

（3）钼肥能增强植物抗旱、抗寒和抗病能力。

（4）钼是植物体内固氮菌中钼黄素蛋白酶的主要成分之一，也是植物硝酸还原酶的主要成分之一。

部分作物缺钼的可能性由高到低分类如下：

高敏感作物：花生、花椰菜、莴苣、洋葱、菠菜、甜菜等。这类作物对钼需求量更大，更易出现缺钼。

中敏感作物：大豆、豌豆、蚕豆、绿豆、油菜、萝卜、番茄、胡萝卜、柑橘等。这些作物对钼需求量次之，但也比较容易发生缺钼的症状。

不敏感作物：小麦、玉米、高粱、水稻、棉花、芹菜、马铃薯、苹果、桃、葡萄等。这类作物对钼需求量很小，一般不会表现出缺钼的症状，但是补充钼有增产作用。

作物缺钼表现为叶子有明显的斑状，老叶先失绿，随后叶子边缘发生死斑并向内卷曲，由于落花而不能形成果实，植株矮小，生长受抑制。花生、大豆、菜豆等豆科作物缺钼，根瘤发育不良，严重影响正常生长。芥菜属的一些蔬菜，例如花椰菜、芥菜等，在极端缺钼的情况下，叶的层状体不能形成，仅有叶肋出现，这样的叶就像一条鞭，因此这种钼缺乏症叫作“鞭尾病”。

十三、硅（Si）

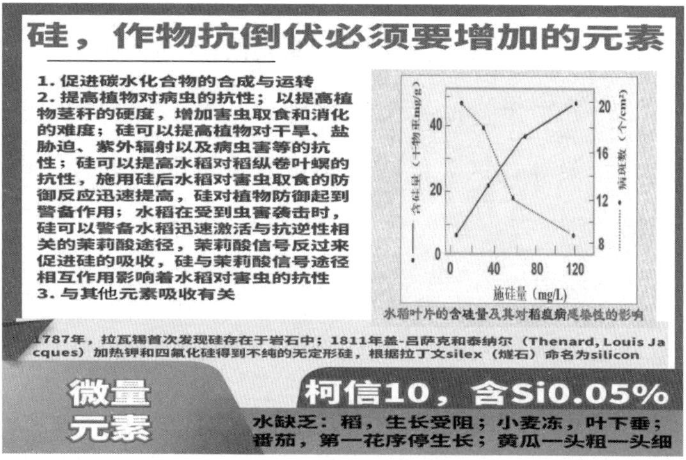

图2-20　硅的作用机理

（一）硅的发现史

硅在地表的量是非常大的，比如沙子里面就有。1787年，拉瓦锡首次发现硅存在于岩石中。1811年，盖-吕萨克和泰纳尔加热钾和四氟化硅得到不纯的无定形硅，根据拉丁文Silex（燧石）命名为Silicon。

1823年，硅首次作为一种元素被贝齐里乌斯发现，并于一年后提炼出了无定形硅，其方法与盖-吕萨克使用的方法大致相同。随后他还用反复清洗的方法将单质硅提纯。

晶态硅则到了1854年才被提炼出来。硅的拉丁文是Silicium，意为“坚硬之石”。

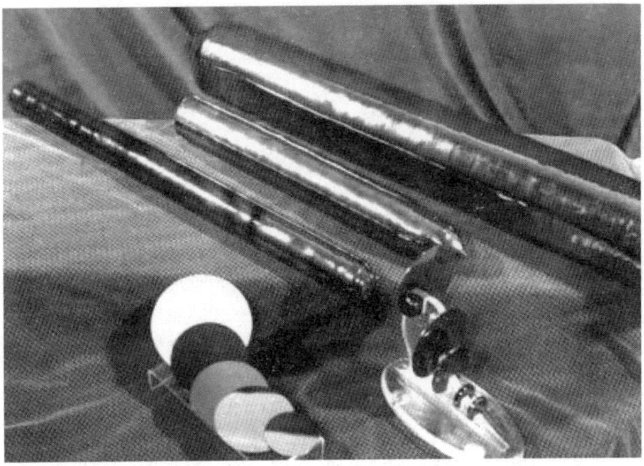

图2-21 单晶硅及抛光硅片

民国初期，学者原将此元素译为“硅”而令其读为“xī”。然而在当时，由于汉语拼音方案尚未推广普及，一般大众多误读为guī。由于化学元素译词除中国原有的词外，多用音译，化学学会注意到此问题，于是又创“矽”字避免误读。

我国台湾地区沿用“矽”字至今。大陆在1953年召开了一次化学物质命名扩大座谈会，有学者以“矽”与另外的化学元素“锡”和“硒”同音易混淆为由，将“矽”改回原字“硅”并读“guī”。

（二）硅在农作物中的用途

（1）硅可以提高植物抗病虫害能力已成共识。除禾本科植物外，对防治瓜类、草莓、蔷薇等作物的白粉病和黄瓜的腐霉病也是有效的。

研究表明，施用硅肥的黄瓜植株在感染了腐霉后体内的酚类物质明显积累，说明硅诱导植株产生了抗病性，而这一效果具有在中断硅的供给后快速消失的特点。在感染了稻瘟病的水稻植株体中也观察到了这一现象。

（2）增强植物抗逆性。硅除了能提高作物抗病虫能力外，还具有提高作物产量、增强植物抵抗水分和盐分胁迫能力、增强作物抗倒伏能力以及减轻低价Fe、Mn和Al等过多而造成的毒害作用。自然条件下作物受多种因素的影响和胁迫，硅能使作物增强抵抗这些胁迫的能力，对作物起着重要的保护作用。

硅主要以单硅酸分子形式被植物吸收。在植物体木质部，硅是以非聚合态形式被运输的，而最后主要是以水化无定形硅的形式沉积。植物对硅素的吸收有主动型、排斥型、被动型三种。目前已经证明硅藻的细胞膜主动吸收硅存在着依赖于钠的转换器和将其编译成密码的DNA的存在。在高等植物中是否存在这种机制有必要进一步深入研究，但至少可以说植物吸收硅与机体内ATP的水平、蒸腾量等关系密切。

另外，植物体地上部分与地下部分根的比例在不同作物、不同品种间存在着差异，因此硅的吸收数量也受到植物体地下部、地上部分配比例的影响。

十四、有机质肥料

广义的有机肥覆盖面很广，此处仅介绍腐殖酸和黄腐酸。

（一）腐殖酸和黄腐酸的概念

1. 腐殖酸

腐殖酸是动植物遗骸经过微生物的分解和转化以

及一系列复杂的地球化学反应过程积累起来的一类有机物质。它是由芳香族及其他多种官能团构成的高分子有机酸，具有良好的生理活性和吸收、络合、交换等功能。

腐殖酸的主要元素组成为碳、氢、氧、氮、硫，是一种多价酚型芳香族化合物与氮化合物的缩聚物，广泛分布在低级别煤炭、土壤、水域沉积物、动物粪便、有机肥料、动植物残体等中。

按照在溶剂中的溶解性和颜色分类，可分为三个组分：①溶于丙酮或乙醇的部分称为棕腐酸；②不溶于丙酮部分称为黑腐酸；③溶于水或稀酸的部分称为黄腐酸。

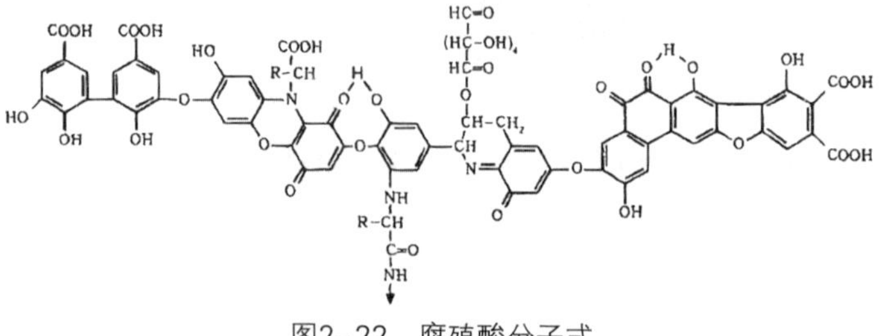

图2-22　腐殖酸分子式

腐殖酸对植物的作用如下：

（1）刺激生理代谢。腐殖酸含有多种活性功能基因，可增强作物体内过氧化氢酶、多酚氧化酶的活性，刺激生理代谢，促进生长发育。如腐殖酸能促使种子提早发芽，出苗率高，在低温下尤为显著；能刺激根系极端分生组织细胞的分裂与增长，使幼苗发根快，次生根多，根量增加，根系伸长，使作物吸收水分、养分能力增加。因此，养分供应充足，作物茎块健壮，枝叶繁茂，光合作用增强，养分加速向子实体转移，果实提前着色成熟。

（2）改变化肥特性。腐殖酸含有羧基、酚羟基等官能团，有较强的离子交换和吸附能力，能使碳铵减少铵态氮的损失，提高氮肥的利用率。经氧化降解的硝基腐殖酸，可抑制尿酶活动，减少尿素挥发。降解的硝基腐殖酸增加磷在土壤中移动的距离，抑制土壤对水溶性磷的固定，使速效磷转化为迟效磷，促进根系对磷的吸收。腐殖酸与难溶性微量元素可以发生螯合反应，生成溶解性好可被作物吸收的腐殖酸微量元素螯合物，从而有利于根系和叶面吸收微量元素。

（3）改良土壤结构。腐殖酸可以促进土壤团粒结构的形成，调节土壤pH值，调节土壤水、肥、气、热等状况，提高土壤交换容量，达到酸碱平衡，提高土壤保水保肥能力，促进土壤微生物的活动，使好气性的细菌、放线菌、纤维素分解菌的数量增加，加速有机物质的分解转化，促进营养元素释放，便于作物吸收营养。

（4）增强抗逆性。腐殖酸能减少植物叶片气孔张开强度，减少叶面蒸腾，从而降低耗水量，使植株体内水分状况得到改善，保证作物在干旱条件下正常生长发育，增强抗旱性。腐殖酸多为两性胶体，表面活性大，对真菌有抑制作用，可增强作物抗寒性，易被细胞膜吸附，改变细胞膜渗透性，促进无机养分的吸收，防止腐烂病、根腐病，减少病虫害。

（5）改善果实质量。腐殖酸可以与微量元素形成络合物或螯合物，增加微量元素从根部向叶部或其他部位运转的数量，调节常量元素与微量元素的比例和平衡状况，加强酶对糖分、淀粉、蛋白质、脂肪及各种维生素的合成运转。可促进酶的活性，使多糖转化为可溶性单糖，使淀粉、蛋白质、脂肪物质的合成积累增加，加速各种代谢的初级产物从茎叶或根系向果实、种子运转，使果实丰满、厚实。

2.黄腐酸

黄腐酸是腐殖酸中分子量最小、活性基团含量最高的水溶性部分，其功能基团相互作用，反映出多种特定的物理化学特性，进入植物机体后，能发挥出多种多样的生理功能，通过抑制或激活酶而作用于植物机体的新陈代谢，反映出明显的刺激作用，通过内源激素的分泌、调节及提高机体免疫功能而发挥治疗作用。

黄腐酸具有腐殖酸的一般特性：分子量较小而易被生物吸收利用；官能团含量较多，比一般腐殖酸的生理活性大，对金属离子的络合能力比较强；可直接溶于水，其水溶液呈酸性。

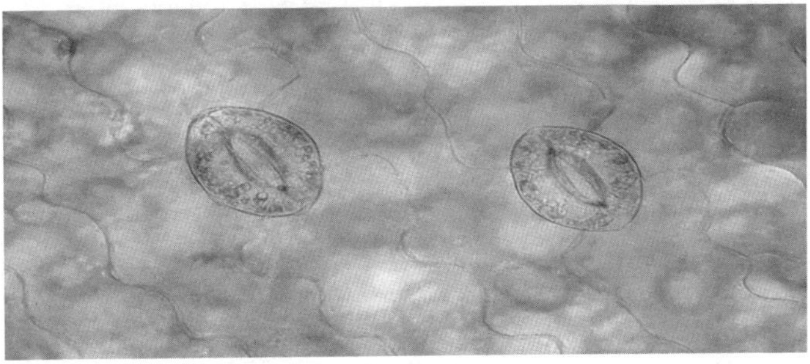

图2-23 植物的气孔图

黄腐酸属于广谱植物生长调节剂，能促进植物生长，也能适当控制作物叶面气孔的开放度，减少蒸腾，对抗旱有重要作用，还能起到提高抗逆能力、增产和改善品质作用。

（1）激发植物活性。虽然黄腐酸不含激素类物质，但使用过程中却表现出与化学合成的生长素、细胞分裂素、脱落酸等多种植物激素相类似的作用，且对植物的生长发育起着全面的调节作用。

（2）增强作物抗逆性。黄腐酸具有抗寒抗旱的显著功能。

（3）缓释肥料。改善化肥及农药利用，改良土壤团粒结构。

（4）螯合中微量营养元素。络合能力强，提高植物微量元素的吸收与运转，使其更好地为植物利用。

（5）防治植物病害，增强抗病性。黄腐酸可作为农药增效剂来提高防治效果，但是不能替代农药。

（6）抗絮凝、具缓冲，溶解性能好。与金属离子相互作用能力强。其抗絮凝能力明显高于腐殖酸及同类产品，可溶于pH1～14的任何酸碱性水，在高钙镁硬水饱和盐水中絮凝不沉淀，且稳定性好，抗电解质能力强。

（二）腐殖酸和黄腐酸的共性

腐殖酸和黄腐酸同属于腐殖类物质，在自然界中广泛存在，目前在种植、养殖、石油、食品、医药等行业已经得到大量应用。

由于2020年上半年多地出现旱情，腐殖酸和黄腐酸一类肥料受到广大种植户的普遍认可，也得到众多肥料工厂和经销商的追捧。

（三）腐殖酸和黄腐酸的标准划分区别

参考GB/T 35112—2017《农业用腐殖酸和黄腐酸原料制品分类》。黄腐酸分子量小，容易吸收；溶于酸碱和水，更容易和其他产品混用。

腐殖酸和黄腐酸都有两个来源，矿物源和生物源。

十五、微生物

说起微生物肥之前，我们先了解一下微生物的发现史。

（一）微生物的发现史

人类很早就和微生物打交道了，比如酿酒。但是那时的人类不知道原理。

1680年前后，安东尼·列文虎克利用能放大50～300倍的显微镜，清楚地看见了细菌和原生动物，他的发现和描述首次揭示了一个崭新的生物世界——微生物世界，在微生物学的发展史上具有划时代的意义。

图2-24　显微镜

19世纪中期，以法国的巴斯德和德国的科赫为代表的科学家将微生物的研究从形态描述推进到生理学研究阶段，揭露了微生物是造成腐败发酵和人畜疾病的原因，并建立了分离、培养、接种和灭菌等一系列独特的微生物技术，从而奠定了微生物学的基础，同时开辟了多个分支学科。

罗伯特·科赫首次证明了一种特定的微生物是特

定疾病的病原，阐明了特定细菌会引起特定的疾病；发明了用固体培养基的细菌培养法。

19世纪末和20世纪初，微生物学被牢固地建立起来。它的主要发展有两个方面：一方面是研究传染病和免疫学，研究疾病的防治和化学治疗剂的功效；另一方面是和遗传学的结合。

图2-25 巴斯德

图2-26 罗伯特·科赫

（二）微生物的具体分类

（1）原核：细菌、放线菌、螺旋体、支原体、立克次氏体、衣原体。

（2）真核：真菌、藻类、原生动物。

（3）非细胞类：病毒和亚病毒。

一般地，在我国大陆地区的教科书中，将微生物划分为以下8大类：细菌、病毒、真菌、放线菌、立克次体、支原体、衣原体、螺旋体。

（三）微生物的具体功效

微生物肥对植物的作用如下：

（1）提高作物抗病性。微生物肥能够干扰有害病原微生物的繁殖和对植物的破坏，从而达到抑菌控病的效果，并且能分泌促进作物生长的活性物质，使植株叶片浓绿肥厚，提高作物免疫力。

微生物肥通过降低作物病害、增加作物抗逆境能力以及克服作物连作障碍等三个方面综合提高作物的抗逆性。

同时，微生物定殖后在繁殖过程中，可以产生磷脂类、氨基糖类、肽类和脂肽类等抗生素类物质以及抗菌蛋白等活性物质使菌丝发生扭曲、肿胀和变形，进而抑制病原菌的生长，实现对病害的防治。

（2）增加土壤养分。微生物在生长过程中能产生多种氨基酸，对作物有生长调节的作用，同时能够促使土壤中的有机质分解成腐殖质，刺激作物生长。

（3）促进作物生长。微生物具有解磷作用，可以将土壤中无效磷转化为能被作物吸收的有效磷，促进作物根系及植株生长。

（4）改良土壤结构。微生物菌可以促进土壤中有机质的分解，增加土壤中的有效养分和腐殖质，改善土壤结构。

十六、肥料的选用方法

（一）要重视大量元素肥以外的肥料

我们在农业生活中，往往重视的是大量元素，以氮磷钾为主。经常忽略的是有机质、中量元素、微量元素和微生物的补充。

中量元素和微量元素的补充在盐碱地尤其重要。植物在盐碱地中，因为根系发育受到严重的制约，所以表现的缺素症状尤其明显。很多农民觉得地“太瘦了”，大量上氮磷钾肥，反而造成了进一步的盐碱化。

我国土壤微量元素有效养分丰缺参考指标(mg/kg)

元素	丰缺指标					丰缺临界值	浸提剂
	很低	低	中	高	很高		
水溶性 B	<0.25	0.25~0.50	0.51~1.00	1.01~2.00	>2.00	0.50	热水
有效性 Mo	<0.10	0.10~0.15	0.16~0.20	0.21~0.30	>3.00	0.15	草酸+草酸铵 pH3.3
有效性 Mn	<1.0	1.0~2.0	2.1~3.0	3.1~5.0	>5.0	3.00	1molL^{-1}HOAc + NH_4OAc pH7.0
易还原性Mn	<50	50~100	101~200	201~300	>300	100	同上，再加0.2%$C_6H_4(OH)_2$
有效性 Zn*	<1.0	1.0~1.5	1.6~3.0	3.1~5.0	>5.0	1.50	1molL^{-1}HCl
有效性 Zn**	<0.5	0.5~1.0	1.1~2.0	2.1~5.0	>5.0	0.50	DTPA + $CaCl_2$ + TEA pH7.3
有效性 Cu*	<1.0	1.0~2.0	2.1~4.0	4.1~6.0	>6.0	2.00	1molL^{-1} HCl
有效性Cu**	<0.1	0.1~0.2	0.3~1.0	1.1~1.8	>1.8	0.20	DTPA + $CaCl_2$ + THApH7.3

*酸性土壤，**石灰性土壤

图2-27　土壤微量元素有效养分的指标

作物叶片中微量元素丰缺的判断标准

微量元素	缺乏(mg/kg)	适量(mg/kg)	过量(mg/kg)
铁(Fe)	<50	50~250	>300
锰(Mo)	<20	20~500	>500
锌(Zn)	<20	25~150	>400
铜(Cu)	<4	5~20	>20
硼(B)	<15	20~100	>200
钼(Mo)	<0.1	0.5~20	—
氯(Cl)	—	<0.3%	>0.4%

图2-28　作物叶片微量元素丰缺标准

（二）肥料包装的要求和禁止事项

1. 产品描述

（1）不应以错误的、欺骗性的、夸大的、不实的或引起误解的方式描述或介绍肥料。

（2）不应以直接或间接暗示性的语言、图形、符号导致用户将肥料或肥料的某一性质与另一肥料相混淆，不应含有导致用户将不同公司产品混淆的标识内容。

（3）不应标注原料产地为某国家、某地区，会引起用户将该产品误解为进口产品或知名品牌产品。

（4）引进国外技术或部分使用进口原料的产品，不应标注含有引进方的国外企业名称。

2. 肥料名称

肥料名称（包括商品名称）中不应带有不实、夸大性质的词语及谐音，包括但不限于：高效、特效、全元、多元、高产、双效、多效、增长、促长、高肥力、霸、王、神、灵、宝、圣、活性、活力、强力、激活、抗逆、抗害、高能、多能、全营养、保绿、保花、保果等。与肥料名称标注在同一行的内容（包括文字和图案）也应符合本条要求。

3. 养分含量

若加入中量元素、微量元素，可标明中量元素、微量元素含量（以元素单质的质量分数计，下同），并按中量元素、微量元素两种类型分别标明各单养分含量及各自相应的总含量。不得将中量元素、微量元素含量与主要养分相加。微量元素的质量分数低于0.02%或（和）中量元素的质量分数低于2.0%的不得标明（产品的国家标准或行业标准中另行规定的除外）。

复合肥料应标明总养分的含量（以质量分数计），总养分标明值应不低于配合式中单养分标明值之和，不得将其他元素或化合物计入总养分。应以配合式分别标明总氮、有效五氧化二磷、氧化钾的质量分数，如氮磷钾复合肥料15-15-15。二元肥料应在不含单养分的位置标以“0”，如氮钾复合肥料15-0-10。

有机肥料应标明有机质含量、总养分含量。

第三章

农　药

一、常见农药

常见农药一般有除草剂、杀虫剂、植物生长调节剂和抗生素四种。

（一）除草剂

1.氟乐灵和二甲戊灵

（1）氟乐灵和二甲戊灵的出现时间。

氟乐灵：1959年由美国礼来公司生产。礼来公司是医药行业的巨头，1943年首先将青霉素大量生产的就是这个公司。

二甲戊灵：二甲戊灵1976年由美国氰胺公司生产。

2000年，该公司被德国化工巨头巴斯夫公司收购。

（2）作用机理。

这两个除草剂都是属于二硝基苯胺类的除草剂，均属土壤处理剂。其作用机理是通过作物根系吸收到植物体内，与微管蛋白结合，抑制植物细胞的有丝分裂，从而造成杂草死亡，还能抑制杂草的幼芽和幼根。有了这两个除草剂，田间的杂草就少了许多。

一般情况下，氟乐灵施用量不要超过150克/亩，否则容易出现棉花的根部肿大、在现蕾期暴死的现象。

二甲戊灵和氟乐灵的最大区别是前者见光不分解。所以，打完二甲戊灵后耙地与否，不是很重要，重要的是要搅拌均匀。

（3）新的探索方向。

在新疆，二甲戊灵和氟乐灵除草剂有很多的滴灌尝试，如有些地方尝试用每亩200毫升的滴灌方案进行除草。但是针对此用法鲜有正式研究，也缺乏相关数据支撑，仅供参考。

（二）草甘膦

（1）草甘膦的历史。

草甘膦，化学名称为N-（磷酸甲基）甘氨酸，是一种有机膦类除草剂。

草甘膦首先是由瑞士一家制药公司Cilag合成的，但是他们并没有申请专利。后来，孟山都公司测试了其活性，然后迅速申请了除草剂的专利保护，并在1974年正式获得登记。

草甘膦在孟山都公司的操作之下，成了世界上施用范围最广的除草剂之一。

（2）草甘膦的作用机理。

草甘膦能够抑制EPSPS（EPSP合成酶）的活性。

EPSPS是芳香族氨基酸合成中非常关键的一个酶，它催化SHKP和PEP合成EPSP，形成分枝酸进而进一步合成植物所需要的氨基酸。

草甘膦的结构式和PEP的结构类似，当草甘膦进入的时候，SHKP就和草甘膦结合，形成不了EPSP，也就形成不了植物需要的氨基酸了。氨基酸不能正常合成，植物氮代谢也就无法正常进行，最终死亡。

哺乳动物、鸟类、鱼类是不含EPSPS的，所以草甘膦相对安全。草甘膦入土后很快与铁、铝等金属离子结合而失去活性，对环境也比较友好。

3. 高效氟吡甲禾灵

（1）高效氟吡甲禾灵的发现史。

这个除草剂的出现要归功于两个公司。在1970年前后，日本石原公司把24D和二苯醚合到一起形成了禾草灵；德国赫斯特公司在用医药抗血脂药剂候选物进行除草剂测试时候，也发现了禾草灵。

1975年，赫斯特公司推出禾草灵商品，这个大类的产品从此登上了历史舞台。

高效氟吡甲禾灵是美国陶氏益农的产品，陶氏益农现在和杜邦等合并为科迪华。

（2）高效氟吡甲禾灵的作用机理。

高效氟吡甲禾灵主要的工作就是在杂草生长的时候抑制其分裂，说白了就是不让杂草长大。芳氧苯氧丙酸类除草剂主要是乙酰辅酶A羧化酶（Acetyl-CoACarboxylase，ACCase）的活性抑制剂，抑制脂肪酸的合成，导致合成油酸、亚油酸、亚麻酸、蜡质层和角质层的过程受阻，植物的膜结构迅速破坏，透性增强，最终导致植物的死亡。其高效、低毒、高选择性、对作物安全及易于降解的特点极大地促进了选择性除草剂的发展。

此类除草剂的另一个特点就是其具有光学活性，同一化学结构下有不同的异构体，不同异构体的除草活性也不同。其中R（–）–异构体能有效抑制靶酶的活性，阻断杂草体内生长素和赤霉素的形成，表现出很好除草活性。

但是，这类除草剂对禾本科作物有极大的风险，尽量不要在靠近禾本科植物的区域进行喷施。

在杂草3～5叶、生长旺盛时施药最好，此时杂草对药物最为敏感，且杂草地上部分较大，易接触到较多雾滴。在杂草叶龄较大时，适当加大药量也可达到很好防效。应尽量在禾本科杂草出齐后用药。

4. 扑草净

（1）扑草净的发现史。

扑草净由瑞士嘉基（Geigy）公司在1959年研发。后来，这个公司和其他几个公司合并为名气更大的瑞士诺华公司。电影《我不是药神》中提到的治疗白血病的药，格列卫，就是这个厂家生产的。诺华在2000年把农化领域的公司剥离，形成新的化工公司，名叫先正达，于2016年被中国化工收购。

（2）扑草净的作用机理。

扑草净属于三嗪类的除草剂，是光合作用抑制剂。

①抑制光合作用。通常绿色植物是靠光合作用来获取养分。扑草净除草剂可阻断电子由QA到QB的传递；也可作用于光合磷酸化部位，抑制光合磷酸化反应，使能力形成受阻。还可以截获传递到NADP+上的电子，影响NADP+的还原。

②破坏植物的呼吸作用。植物的呼吸作用和其他生物一样，都发生于细胞内的线粒体上。扑草净除草剂通常不影响植物的糖酵解与三羧酸循环，主要影响氧化磷酸化偶联反应，致使不能生成ATP，不能满足植物生长的能源需要，植物终因正常代谢受干扰而死亡。

③抑制植物的生物合成。抑制叶绿素的生物合成及质膜的破坏，抑制类胡萝卜素的生物合成；抑制氨基酸，核酸和蛋白质的合成；抑制脂类的合成。

④干扰植物的平衡。一些稳定的化合物进入植物体内后，会打破原有的天然植物的平衡，因而严重影响植物的生长发育。扑草净的作用特点是低浓度对植物有刺激作用，高浓度时则产生抑制作用。由于植物不同器官对药剂的敏感程度及药量积累程度的差别，受害植物常

可见到刺激和抑制同时存在的症状。

⑤抑制微管与组织发育。微管是存在所有真核细胞中的丝状压细胞结构。扑草净抑制细胞分裂的连续过程；阻碍细胞壁或细胞板形成，造成细胞异常，产生双核及多核细胞；抑制细胞分裂前的准备阶段。

另外，棉花对扑草净传导性能较差，根部吸收的药剂大部分仍在原处积累，进入叶绿体的药量相对较少，这也相应提高了棉花的抗药性。所以，前面提到的滴灌除草剂对于后期棉花的除草效果也许有一定的指导意义，但是具体的剂量仍有很大的争议。

扑草净可被土壤吸附。持效期20～70天，旱地较水田长，黏土中更长。

5. 乙氧氟草醚

（1）乙氧氟草醚的发现史。

1975年，乙氧氟草醚由美国的罗门哈斯公司发明。

罗门哈斯公司（Rohm&Haas）成立于1909年，是世界上最大的精细化学品制造商之一。这个公司的农化部门后续经营不善，在2009年被美国化工巨头——陶氏化学公司收购，后来和杜邦成立了现在的科迪华公司。

（2）乙氧氟草醚的作用机理。

乙氧氟草醚属于含氟苯醚类除草剂，主要使杂草胚芽鞘、中胚轴吸收药剂致死，比除草醚效果好；活性高，对于没有发芽的和已经发芽的杂草都有很好的效果。但是作物根系不吸收这类除草剂，所以如果棉农想要滴灌，就不要选乙氧氟草醚，效果不好。乙氧氟草醚适用于水稻、大豆、小麦、棉花、玉米、油棕和其他蔬菜园和果园的除草。

二苯醚类的除草剂，大多数都是Protox抑制剂，也就是说能抑制叶绿素的合成，破坏细胞膜，属于触杀作用。如果是芽后除草，一般建议是晚上喷。遇到阴雨则作用极差。

6. 丙炔氟草胺

（1）丙炔氟草胺的发现史。

丙炔氟草胺是日本住友化工在1993年推出的。日本住友是历史非常悠久的企业，被称为日本四大财阀之一。因为在二战期间，住友做了很多军工产品，所以被美国拆解。不过后来，住友又发展了起来。

大家常见的马拉硫磷、乐果、乙螨唑都是日本住友研发推广的。

（2）丙炔的作用机理。

丙炔氟草胺属于酞亚胺类除草剂，也是典型的触杀型除草剂。丙炔氟草胺被认为抑制了原卟啉原氧化酶——一个在植物叶绿素合成中十分重要的酶。这个和乙氧氟草醚的作用机理类似，但是乙氧氟草醚不内吸。

用丙炔氟草胺处理后，原卟啉在敏感植物的体内聚积，导致了光敏作用和细胞膜脂质的过氧化，对细胞膜功能和结构产生不可逆的破坏。

用丙炔氟草胺处理土壤表面后，药剂被土壤吸收，在土壤表面形成处理层。等到杂草发芽时，幼苗接触药剂处理层就枯死。

茎叶处理时，可被植物幼芽和叶片吸收，在体内进行传导，使细胞膜过氧化作用增强，从而导致敏感杂草的细胞膜结构和细胞功能的不可逆损害。

滴灌也可以达到类似茎叶处理的效果。

施药后，杂草叶面出现枯斑症状，杂草常常在24～28小时内凋萎、白化并枯死。

丙炔氟草胺在棉田中的药害是非常需要注意的。

7. 氟啶草酮

氟啶草酮对于龙葵的控制效果在最近几年显现优势。但是因为其残留期非常长，所以在交叉种植区域的使用一直存在极大的争议。

（1）氟啶草酮的发现史。

氟啶草酮是1976年由礼来公司研发的，属于吡咯烷酮类除草剂。

礼来公司1876年由药学家Eli Lilly创建，并以他的姓名命名。作为一家世界级大药企，礼来主要业务聚焦在糖尿病、免疫病、神经病等领域。

由于其残留期太长，在新疆被禁用过一段时间。

（2）氟啶草酮的作用机理。

氟啶草酮属于吡咯烷酮类除草剂，用于防治大多数水中或水面杂草，控制池塘、湖泊、水库和灌溉沟渠中的浮游水生植物，可以清除大部分的禾本科和阔叶型杂草，大大提高水体质量。

普遍认为持效期在2年以上，对下茬的小麦、玉米、番茄有一定的影响。所以，在交叉种植区域使用一定要非常慎重。

该产品能够抑制类胡萝卜素的生物合成。很多棉农不理解类胡萝卜素的作用。其实在高等植物中，类胡萝卜素有着非常重要的作用：

①是光合作用细胞器的组成部分。②光吸收中，类胡萝卜素作为辅助色素承担了电子传递的过程。③是光合作用的保护性物质，抑制叶绿素分解。

动物是不能合成类胡萝卜素的，所以只能从植物中吸收。类胡萝卜素和维生素A有非常密切的关系。

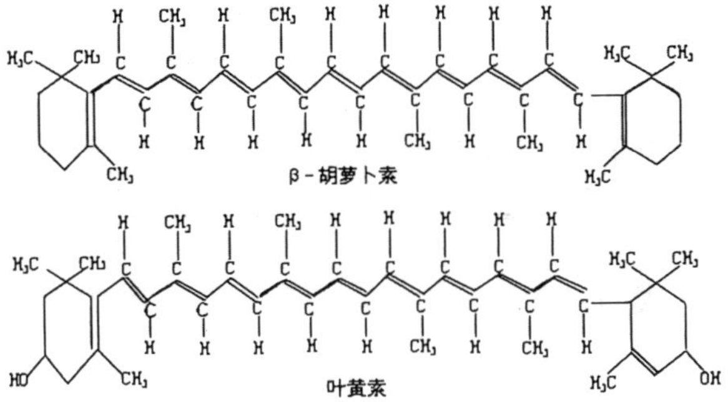

图3-1 β-胡萝卜素和叶黄素的结构式

所以，氟啶草酮抑制杂草的类胡萝卜素形成，就能让杂草叶绿素崩解，植物直接白化死亡。

8.砜吡草唑

日本组合化学公司于2002年在我国申请了砜吡草唑的化合物专利，保护该化合物及其作为除草剂的用途。

砜吡草唑是一种芽前土壤处理剂，属于细胞分裂抑制剂，通过抑制极长链脂肪酸合成，进而阻碍分生组织和胚芽鞘的生长，抑制幼苗早期生长，最终发挥除草作用。

9. 二甲四氯、敌草隆、吡草醚

（1）发现史。

二甲四氯是由P. Pokrny在1946年发明的，标志着有机合成除草剂——苯氧羧酸类除草剂的诞生。

敌草隆在1954年由美国杜邦公司发明。

吡草醚是日本农药公司于1988年发明的。1928年，旭电化工业株式会社农药部与藤井药业株式会社合并，成为日本最早的农业化学品专业生产厂家，起名为“日本农药”。

（2）作用机理。

①二甲四氯。农业上用作植物生长刺激剂，防止番茄等果实早期落花落果，并形成无籽果实。促进作物早熟，加速插条生根。也可用作除草剂。

二甲四氯属苯氧羧酸类选择性除草剂，具有较强的内吸传导性，主要用于苗后茎叶处理。药剂穿过角质层和细胞质膜，最后传导到各部分，在不同部位对核酸和蛋白质合成产生不同影响，在植物顶端抑制核酸代谢和蛋白质的合成，使生长点停止生长，幼嫩叶片不能伸展，一直到光合作用不能正常进行。

传导到植株下部的药剂，使植物茎部组织的核酸和蛋白质的合成增加，促进细胞异常分裂，根尖膨大，丧失吸收养分的能力，造成茎秆扭曲、畸形，筛管堵塞，韧皮部破坏，有机物运输受阻，从而破坏植物正常的生活能力，最终导致植物死亡。

②敌草隆。敌草隆为取代脲类除草剂，具有内吸传导作用和一定触杀作用。被植物的根和叶吸收进入植物体，抑制植物的光合作用，致使叶面变黄、叶片失绿、叶尖和叶缘褪色，导致植株因缺乏营养而死亡。

③吡草醚。吡草醚属原卟啉原氧化酶抑制剂，通过植物细胞中原卟啉原Ⅸ积累而发挥药效。处理后可被迅速吸收到植物组织中，使植物迅速坏死，或在阳光照射下，使茎叶脱水干枯。

从理论上来说，这几个除草剂各有特点。棉花种植后期脱叶时，敌草隆用量最大，但是大多数是和噻苯隆一起使用。

10. 氟草啶

（1）氟草啶的发现史。

氟草啶是2022年由清原农冠自主研发的。作为21世纪才成立的公司，清原农冠以强悍的新产品研发能力，在农化领域占据了一席之地。

清原农冠始创于2009年，总部位于山东青岛，是一家生物科技创新公司，致力于从除草剂新化合物研发和基因编辑靶向育种两个维度提升世界农业生产的效率和品质，为世界粮食安全贡献力量。

（2）氟草啶的作用机理。

氟草啶和乙氧氟草醚、吡草醚等药剂同属PPO（原卟啉原氧化酶）抑制剂。它具有超广的杀草谱，作用速度极快，施药当天即可见效，对后茬影响不大。此外，对环境也很友好。

动物、植物、细菌和真菌中都含有PPO，PPO主要负责合成亚铁血红素和叶绿素。通俗点说，PPO抑制剂就是影响杂草的叶绿素合成，从而产生作用。

氟草啶在各类作物种植区均有广泛用途，前景明朗。

（二）杀虫剂

新疆棉花有三大虫害，分别是蚜虫、红蜘蛛、棉铃虫。大家见到这三个虫害，都很头疼。接下来介绍一下防治这三大虫害可以选用的杀虫剂。

1. 阿维菌素

我的朋友老潘，他的棉花地里一直没有红蜘蛛，我就向他取经。他说他打的就是阿维菌素，挺好的。从那以后，我就对这个便宜的药剂产生了重视。

（1）阿维菌素的发现史。

2015年的诺贝尔生理学或医学奖分别颁给了三位科学家：威廉·坎贝尔（William Campbell）、大村智（Satoshi Omura）和屠呦呦。

大村智和他的团队从细菌中分离出一组被称为阿维菌素（Avermectin）的化学物质，这些细菌来自日本一家高尔夫球场附近的一份土壤样本。

（2）阿维菌素的作用。

阿维菌素是一个多用途的抗生素。抗生素的意思就是由一些菌类分泌出来，能够让某些生物不能够生存的物质。有些是从菌类分泌物中提取的，有些是化工合成的。

阿维菌素作为一种高效、广谱的杀虫杀螨剂，对螨类和昆虫具有胃毒和触杀作用。

喷施叶表面可迅速分解消散，渗入植物薄壁组织内的活性成分可较长时间存在于组织中并具有传导作用，对害螨和在植物组织内取食为害的昆虫有长残效性。

阿维菌素是从土壤微生物中分离的天然产物，有微弱的熏蒸作用，无内吸作用，所以滴灌无效。但它对叶片有很强的渗透作用，可杀死表皮下的害虫，且残效期长。不杀卵。

其作用机制与一般杀虫剂不同，它干扰害虫的神经生理活动，刺激释放γ-氨基丁酸，而γ-氨基丁酸对节肢动物的神经传导有抑制作用，成、若螨和昆虫与药剂接触后即出现麻痹症状，不活动不取食，2～4天后死亡。因不引起昆虫迅速脱水，所以它的致死作用较慢。对害虫的捕食性和寄生性天敌虽有直接杀伤作用，但因植物表面残留少，因此对其损伤较小。对根节线虫作用明显。

很多含有γ-氨基丁酸的药剂也可以达到如此效果，比如花果三宝。

所以，农户在喷施农药的时候联合施用阿维菌素是一个比较好的方法。当然，也可以用花果三宝。

2. 乙螨唑

（1）乙螨唑的发现史。

乙螨唑由日本住友化学株式会社研发，1998年在日本上市，属于非内吸性杀螨剂，具有触杀和胃毒作用，有较强的渗透作用。

（2）乙螨唑的作用机理。

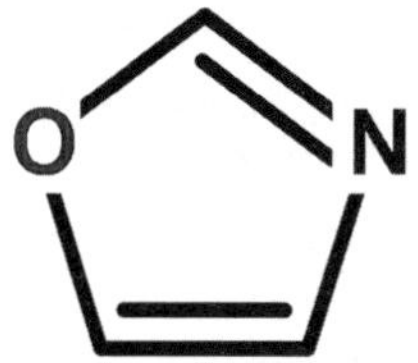

图3-2 噁唑是有一个氧原子和一个氮原子的五元杂环化合物

乙螨唑属于2，4-二苯基噁唑衍生物类化合物，是一种选择性杀螨剂。主要是抑制螨卵的胚胎形成，影响从幼螨到成螨的蜕皮过程，从而对不同阶段的螨都有优异的触杀性。

但乙螨唑对成虫的防治效果不是很好，所以一定不能等虫害暴发之后再防控。

3. 炔螨特

根据我们的观察，目前，昆虫对炔螨特没有产生明显的抗药性。

（1）炔螨特的发现史。

炔螨特（Propargite）是由礼来公司在1964年

开发的。礼来公司在1999年合并为美国康普顿国际化工公司。

（2）炔螨特的简介。

炔螨特是一种有机化合物，化学名称为（2-4-5-三氯苯氧基）乙炔，具有很强的杀螨活性，可用于果树、蔬菜和棉花等农作物上各种叶螨的防治。

炔螨特属于线粒体ATPase（腺苷三磷酸酶）抑制剂，通过触杀和胃毒作用，破坏螨虫正常的新陈代谢从而达到杀螨目的。螨虫在接触炔螨特之后，立即停止进食，并且减少产卵的数量，一般在48～96小时内死亡。由于特殊的化学结构，炔螨特能够破坏昆虫的细胞膜，从而导致昆虫死亡。

其对人、畜有毒，使用时需谨慎并注意安全。它是一种非内吸性杀螨剂，所以施用时一定要喷匀。

4. 螺螨酯

螺螨酯比乙螨唑略贵一点，棉农可根据需要采购。

（1）螺螨酯的发现史。

螺螨酯是螺环季酮酸类杀螨剂，由拜耳公司在筛选除草剂时发现并开发。

拜耳开发了阿司匹林并获得了注册商标，该商标后来成为全世界使用广泛、知名度高的药品品牌，被人们称为“世纪之药”。

（2）螺螨酯的作用机理。

螺螨酯属于生长发育抑制剂，具触杀作用，无内吸活性。与快速击倒的杀螨剂相比，药效较慢；与几丁质昆虫调节剂类杀螨剂相比，药效较快。因为对于雄成螨无效，所以需要和其他药物一起使用。

螺螨酯主要抑制螨的脂肪合成，阻断螨的能量源代谢，特别是杀卵活性突出。它与现有杀螨剂无交互抗性，特别适用于防治对其他杀螨剂已产生抗性的有害螨类。

杀螨速度相对较迟缓（用药后5～7天效果显著）。对卵、幼（若）螨、雌成螨均高效，杀卵效果尤佳，虽不能较快杀死雌成螨，但药液可穿入害螨的卵巢使其所产的卵不能孵化，死于胚胎后期。药液抑制害螨体内的脂肪合成，阻断害螨的能量代谢，最终杀死害螨，以减轻或消除害螨对作物的危害，从而使作物增加产量。

5. 联苯肼酯

（1）联苯肼酯的发现史。

联苯肼酯1990年由美国礼来公司发明。

（2）联苯肼酯的作用机理。

联苯肼酯主要作用于细胞的线粒体的复合体III位点，抑制细胞的线粒体能量传递。害螨接触药剂后3～10小时即开始表现麻痹和过度兴奋，1～2天内停止进食和产卵，3～4天害螨逐渐死亡。

联苯肼酯不具内吸性，防治谱广、安全，击倒性强、性能稳定，不受光、热等的影响，耐雨水冲刷、持效性好、对有益昆虫和天敌友好，能迅速降低害螨的基数，既杀卵又杀成螨，更彻底防治害螨危害，对二斑叶螨等难防治的害螨更为敏感，持效期长，能长时间保护作物免受侵害，非常适合于害虫综合治理。主要与乙螨唑和螺螨酯复配。

6. 三唑锡

（1）三唑锡的发现史。

1977年科尔伯（W. Kolbe）报道了三唑锡的杀螨活性，后由德国拜耳公司开发投入生产。

（2）三唑锡的作用机理。

三唑锡是广谱性有机杀螨剂，为氧化磷酰化抑制剂，阻止ATP的形成。以触杀作用为主，残效期长，对叶螨、锈螨等的幼若螨、成螨、夏卵防控效果良好。

但是三唑锡在低温情况下对春梢嫩叶容易产生药害，严重时造成大量落花、落叶、落果。气温20℃以下时，在柑橘幼果期使用，会造成叶片、幼果畸形，同时有一定的农残隐患。

7. 噻螨酮

在阿维・乙螨唑成为新疆棉农防控虫害的主流产品前，噻螨酮作为主流产品长达几十年之久。

（1）噻螨酮的发现史。

噻螨酮诞生于1985年，由日本曹达株式会社研发。

日本曹达株式会社成立于1920年，非常著名的甲基托布津、拿扑净、啶虫脒就是这个公司生产的。

（2）噻螨酮的作用机理。

噻螨酮主要是抑制几丁质合成和干扰新陈代谢，致使若虫不可蜕皮或蜕皮畸形、羽化畸形而缓慢死亡。起效较慢，对植物表皮层有较好的穿透性，但无内吸传导作用。抗性大。

对多种植物害螨具有强烈的杀卵、杀幼若螨的特性，对成螨无效，但对接触到药液的雌成虫所产的卵具有抑制孵化的作用。对叶螨防效好，对锈螨、瘿螨防效较差。

8. 四螨嗪

（1）四螨嗪的发现史。

1981年，英国的布赖恩等报道了四螨嗪的杀螨活性。成品药由英国FBC公司开发并生产，商品名阿波罗。

（2）四螨嗪的作用机理。

四螨嗪是四嗪类杀螨剂、胚胎发育抑制剂，不感温，对卵防治效果好，对若螨也有一定活性，对成螨效果差。属于几丁质合成酶的抑制剂，这个和乙螨唑、噻螨酮类似，所以不建议与这两种药剂轮换。

四螨嗪药效迟缓，用药后10天才能显示出较好的防效，持效期50～60天。建议花前使用，对苹果红蜘蛛有特效，对捕食性螨和益虫无影响。

9. 螺甲螨酯

（1）螺甲螨酯的发现史。

螺甲螨酯由拜耳公司于2003年在英国首发登记。

（2）螺甲螨酯的作用机理。

螺甲螨酯是螺环季酮酸类杀虫、杀螨剂。其作用机理是影响粉虱和螨虫的发育，干扰其脂质体的生物合成，尤其对幼虫有较好的活性，同时还可以产生卵巢管闭合作用，降低螨虫和粉虱成虫的繁殖能力，大大减少产卵数量。

螺甲螨酯杀卵效果优异，同时对幼若螨也有良好的触杀作用。虽然不能较快地杀死雌成螨，但对雌成螨有很好的绝育作用。雌成螨触药后所产的卵有96%不能孵化，死于胚胎后期。

螺甲螨酯可以用于玉米、棉花、马铃薯、番茄、茄子、黄瓜、甜椒及其他园艺作物上的烟粉虱、白粉虱、叶螨、茶黄螨、木虱等害虫的防控。此外，螺甲螨酯对榆蛎盾蚧以及叶蝉类等害虫也有很好的兼治效果。其速效性较差，需要与其他速效性杀螨剂复配增加药效。

螺甲螨酯能有效地防治对吡丙醚产生抗性的粉虱，与灭虫威复配能有效地防治具有抗性的粉虱。与任何常用的杀虫剂、杀螨剂无交互抗性。

10. 氟啶胺

（1）氟啶胺的发现史。

氟啶胺是日本石原公司于20世纪80年代末开发的。

（2）氟啶胺的作用机理。

氟啶胺是二甲基苯胺类杀菌、杀螨剂，通过作用于ATP合成酶的多个特异性位点，在呼吸链的尾端解除氧化与磷酸化的关联，最大程度消耗电子传递积累的电化学势能，阻断病菌能量的形成，从而使病菌死亡。能破坏氧化磷酸化，抑制孢子萌发与菌丝突破、生长和孢子形成，从而抑制病菌感染。

氟啶胺既可以作杀菌剂（主要用来防治马铃薯晚疫病、辣椒疫病、白菜根肿病等病害），还可以作杀虫剂，对螨和红蜘蛛起防控作用。近年来国内许多企业关注到其在柑橘红蜘蛛防控市场的潜力。

氟啶胺对红蜘蛛的成虫和卵都有防效，触杀效果较强，抗性较低。

氟啶胺敏感作物较多，比较熟知的有瓜类和葡萄等作物，由于当前氟啶胺在我国应用面相对较窄，仅在辣椒、马铃薯、大白菜和柑橘等作物上防治病虫害，对于其他作物的应用还不是特别成熟。

11. 乙唑螨腈

乙唑螨腈是沈阳中化农药化工研发有限公司研制的吡唑类杀螨剂，属于非内吸性杀螨剂，主要通过触杀以及胃毒的作用杀死螨虫。

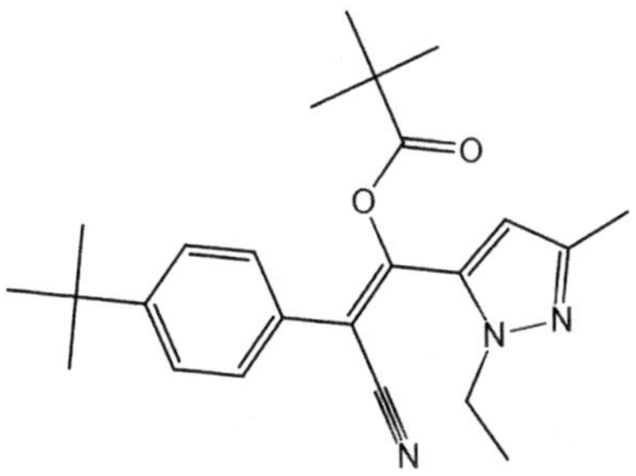

图3-3 乙唑螨腈化学结构

乙唑螨腈与腈吡螨酯、丁氟螨酯同属β-酮腈类线粒体电子传递复合物Ⅱ抑制剂，其在螨虫体内代谢转化成羟基化合物，抑制琥珀酸脱氢酶的作用，进而作用于呼吸电子传递链中复合体Ⅱ，破坏能量合成，达到防治作用，一般1～3天就能达到防效高峰，对不同生育阶段的害螨（卵、幼螨、若螨、成螨）均有效，受温度影响小，具有作用速度快、持效期长、对非靶标生物安全等特点，其对各类作物常见的害螨均有较好的防效，对于棉花、花卉、蔬菜等作物的叶螨、始叶螨、全爪螨、二斑叶螨、朱砂叶螨等螨类，有较好的防治效果，还可以防治苹果、柑橘的红蜘蛛。

12. 丁醚脲

丁醚脲是一种新型硫脲类高效杀虫、杀螨剂。在巴基斯坦、印度、巴西等国非常常用，比螺螨酯和螺甲螨酯都常见。

（1）丁醚脲的发现史。

丁醚脲1981年由汽巴公司合成。汽巴公司大名鼎鼎，后来并入先正达公司。2017年被中国化工集团收购。

（2）丁醚脲的作用机理。

丁醚脲属硫脲类杀螨剂，喷雾后几小时内可发挥药效，具有内吸、触杀、胃毒和熏蒸作用；通过干扰神经系统的能量代谢，破坏神经系统的基本功能，抑制几丁质合成。对幼虫、若虫和成虫阶段的害螨有效。

须选择阳光直射天气进行喷雾（如晴天喷雾），方达最佳效果。

（3）丁醚脲的缺点。

①高温时间段（30℃以上）、高湿条件下，使用丁醚脲对作物幼苗容易产生药害。

②存在禁用的混搭，具体如下：

香蕉素类农药：如百菌清，与丁醚脲混合使用容易导致农药残留严重。

氯氰菊酯类农药：如七星茧，和丁醚脲混合使用也是不可取的，容易导致植物受到更多的化学药剂伤害，产生农药残留风险。

乙烯类农药：如乙烯利，与丁醚脲混合使用不仅严重危害作物生长，而且农药残留量也会超标。

其他不相容的杀虫剂：如福美特、乙醇胺、撒杀宁等，都不可以和丁醚脲同时使用，以免发生不可预测的化学反应，导致危险情况的发生。

③对蜜蜂有毒。

④欧盟于2019年禁用丁醚脲，故不得用在出口欧盟国家的农产品上。

13. 噻虫嗪

噻虫嗪是在新疆常见的药剂，因为这个药剂滴灌的效果不错。

（1）噻虫嗪的发现史。

噻虫嗪于1991年由瑞士汽巴公司首次合成，并于1998年由诺华公司推向市场。

（2）噻虫嗪的作用机理。

注意，噻虫嗪对蜜蜂有剧毒，所以虫媒花的作物不建议使用。

噻虫嗪为乙酰胆碱酯酶受体抑制剂，可选择性抑制昆虫中枢神经系统烟酸乙酰胆碱酯酶受体，进而阻断昆虫中枢神经系统的正常传导，造成害虫麻痹死亡。

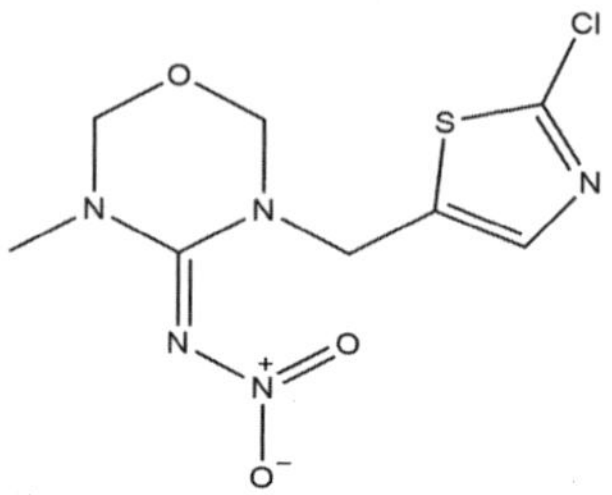

图3-4 噻虫嗪结构式

田间滴灌时，建议配合农药滴灌器使用，滴入35%含量的噻虫嗪。

14. 吡蚜酮

（1）吡蚜酮的发现史。

吡蚜酮最早由瑞士汽巴公司于1988年开发。

（2）吡蚜酮的作用机理。

吡蚜酮属于吡啶类（吡啶甲亚胺类）或三嗪酮类杀虫剂，是非杀生性杀虫剂，该产品对多种作物的刺吸式口器害虫表现出优异的防治效果。

吡蚜酮对害虫具有触杀作用，同时还有内吸活性。在植物体内既能在木质部输导也能在韧皮部输导，因此既可用作叶面喷雾，也可用于土壤处理。

由于其良好的输导特性，在茎叶喷雾后新长出的枝叶也可以得到有效保护。

利用电穿透图（EPG）技术进行研究表明，无论是点滴、饲喂或注射试验，只要蚜虫或飞虱一接触到吡蚜酮就立即产生口针阻塞效应，停止取食，并最终饥饿致死，而且此过程是不可逆转的。

因此，吡蚜酮具有优异的阻断昆虫传毒功能。尽管对吡蚜酮所引起的口针阻塞机制尚不清楚，但已有的研究表明这种不可逆的“停食”不是由于“拒食作用”所引起，且死亡率与气候条件有关。

15. 氟啶虫酰胺

氟啶虫酰胺是我们常用的杀蚜剂型，这几年在新疆棉花种植区的用量非常大。

（1）氟啶虫酰胺的发现史。

氟啶虫酰胺是一种新型吡啶酰胺类昆虫生长调节剂类杀虫剂。1993年由日本石原产业株式会社发现，后与美国富美实、韩国东部韩农株式会社、印度联合磷化物等签署协议，共同推广销售。目前已在全球30多个国家登记上市。

（2）氟啶虫酰胺的作用机理。

氟啶虫酰胺和烟碱类有一定的相似性，但是并没有和乙酰胆碱受体结合，作用机理有所不同。

氟啶虫酰胺具有触杀和胃毒作用，还具有很好的神经毒剂和快速拒食作用。这点和吡蚜酮的作用机理有点类似。对各种刺吸式口器害虫有效，并具有良好的渗透作用。

它可从根部向茎部、叶部渗透，但由叶部向茎、根部渗透作用相对较弱。该药剂通过阻碍害虫吮吸作用而致效。害虫摄入药剂后很快停止吮吸，最后饥饿而死。

据解析，氟啶虫酰胺可使蚜虫等吮吸性害虫的口针组织无法插入植物组织。

当用氟啶虫酰胺处理蚜虫后，在30分钟内蚜虫完全停止进食，进而减少了蚜蜜汁的产生，中止了进食时唾液的分泌。随后的中毒症状有对光敏感、无规律运动、改变正常反应、进行无规则移动、触角皱褶以及不稳定的活动等。

这些现象与用烟碱处理蚜虫后的现象是极为不同的。因其作用机理比较独特，所以一直受广大农户好评。

16. 双丙环虫酯

（1）双丙环虫酯的发现史。

双丙环虫酯是日本明治制果药业株式会社与北里研究所共同研发的生物源杀虫剂，开发代号ME-

5343，其英文通用名afidopyropen于2012年3月获批。

日本明治制果药业株式会社是一个行业跨度非常大的企业，公司的主营业务是巧克力糖果。2021年9月，三井化学株式会社宣布其全资子公司收购明治制果的农药业务。

（2）双丙环虫酯的作用机理。

双丙环虫酯为丙烯类杀虫剂，通过粪生青霉（*Penicillium coprobium*）发酵而成，具有独特的pyropene化学结构和新颖的作用机理，被认为是杀虫剂作用机制分类中第9D组的第1个成员。

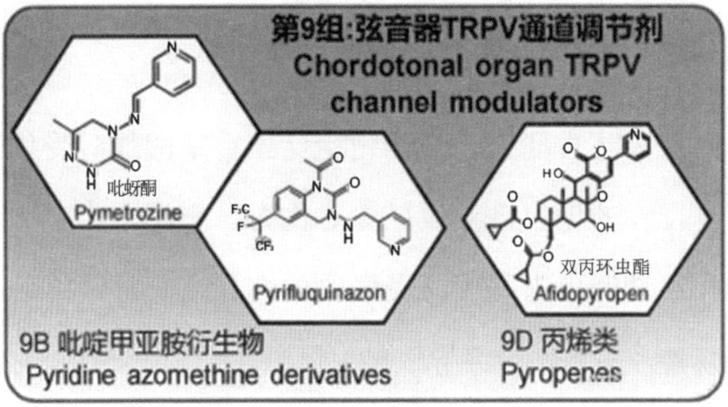

图3-5　双丙环虫酯的IRAC分类

双丙环虫酯能有效防治刺吸式和吮吸式口器害虫（如蚜虫、粉虱、木虱、介壳虫、粉蚧和叶蝉等），可降低昆虫介体传播的病毒病和细菌性病害，适用于经济作物、大田作物和观赏植物等，既可叶面处理，也可种子处理或土壤处理。双丙环虫酯用量低，对昆虫天敌和传粉昆虫等有益节肢动物的影响小，可有效减轻农业可持续发展的环境负担，适用于害虫的抗性管理和有害生物的综合治理。

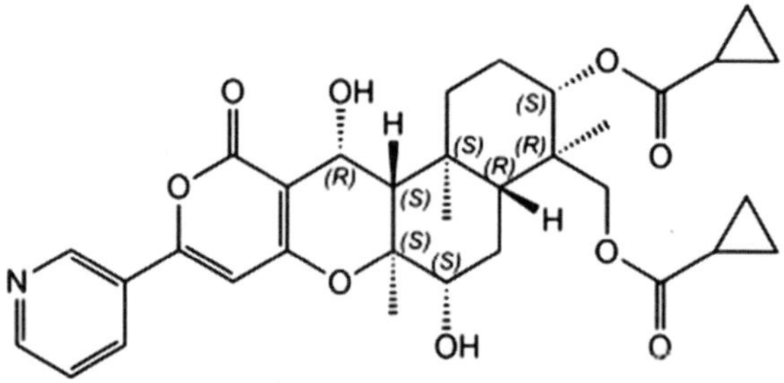

图3-6　双丙环虫酯结构式

双丙环虫酯通过干扰靶标昆虫香草酸瞬时受体通道复合物的调控，导致昆虫对重力、平衡、声音、位置和运动等失去感应，丧失协调性和方向感，进而不能取食，失水，最终导致昆虫饥饿而亡。

双丙环虫酯被认为作用机理与吡啶甲亚胺衍生物杀虫剂吡蚜酮类似，属于弦振器官香草素受体亚家族通道调节剂，通过作用于神经系统的一种或多种蛋白质而显示出杀虫活性。双丙环虫酯与现有杀虫剂和虫害管理系统无交互抗性。

双丙环虫酯在施药后数小时内即能使昆虫停止取食，但其击倒作用较慢。该产品持效期长，对蚜虫的持效作用长达21天。双丙环虫酯对成虫和幼虫均有效，但对卵无效，推荐在幼虫阶段用药，防效更好。双丙环虫酯还具有优秀的叶片渗透能力。

室内生测表明，双丙环虫酯对同翅目的烟蚜（*Myzus persicae*）成虫和半翅目的赤须盲蝽（*Trigonotylus caelestialium*）幼虫的活性较高，对小菜蛾（*Plutella xylostella*）和棉铃虫（*Helicoverpa armigera*）等鳞翅目害虫的活性相对较低。

进一步的研究表明，双丙环虫酯可有效控制刺吸式害虫，对豌豆蚜虫（*Acyrthosiphon pisum*）也具有很高的杀虫活性，可作为蚜虫特效药使用。

该药剂没有内吸性，所以在棉花打顶后施用，方可获得良好效果。

17. 螺虫乙酯

（1）螺虫乙酯的发现史。

螺虫乙酯是拜尔公司的非常著名的药剂，和螺螨酯、螺甲螨酯属同类化合物。

（2）螺虫乙酯的作用机理。

螺虫乙酯是季酮酸类化合物，但是和螺螨酯、螺甲螨酯停留在植物表面有所不同，螺虫乙酯有内吸性。

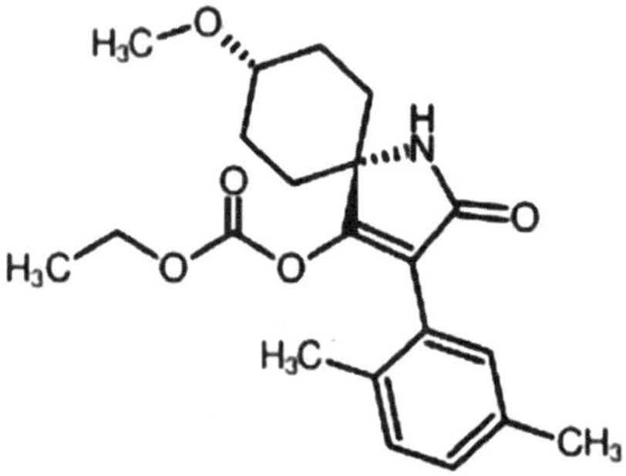

图3–7　螺虫乙酯的分子结构图

螺虫乙酯的作用机理是通过抑制害虫体内脂肪的生物合成过程来抑制脂肪的合成，阻断害虫正常的能量代谢，最终导致害虫死亡。

当药液被喷洒到作物茎叶表面以后，经过茎叶的吸收，药液会通过作物的韧皮部和木质部双向传导至植株的各个部位，因此，即使害虫隐藏在卷曲的叶片内，或者花朵中，或者果树树皮内，只要害虫取食，吸取了作物的汁液，都会引起中毒。可以较为全面地杀灭作物表面及隐藏的害虫，也可以保护药剂喷洒后的新生叶和花果。

螺虫乙酯为脂质生物合成抑制剂，因此对正在快速“长身体”的幼虫特别有效，而对身体已经接近“成形”、脂质生物合成活动相对较弱的成虫，防治效果就有些力不从心了，这也是很多农户反馈杀虫不彻底的主要原因。

同时，螺虫乙酯的杀卵性能也有一定的限制性，原因也简单，因为卵肯定是不存在主动刺吸取食的，被药液喷洒到才能起作用。

18. 氯虫苯甲酰胺

（1）氯虫苯甲酰胺的发现史。

杜邦公司作为氯虫苯甲酰胺的原研公司，围绕该产品进行了大量专利申请。氯虫苯甲酰胺自2008年上市以来，已在世界100多个国家销售，几乎覆盖了所有主要市场，优良的杀虫效果使其成为杜邦公司的明星产品、全球第一大杀虫剂。

2017年，该产品被富美实公司收购，有关的知识产权被转移到富美实公司。

2015年底，陶氏化学和杜邦宣布达成对等合并协议。为完成合并，杜邦出售了其部分植保、农药业务及全球研发业务，陶氏化学出售了其部分化工业务。

2017年8月31日，陶氏化学与杜邦“合二为一”，正式合并为陶氏杜邦，并于次日正式上市，总市值达1500亿美元，成为全球最大的化工公司之一。

此后陶氏杜邦“一分为三”，分拆为三家相互独立的上市公司，包括专注于农业的科迪华、专注于特种产品的杜邦和专注于材料科学的陶氏。

2019年6月3日，新的农业公司科迪华农业科技重新独立上市。

新成立的科迪华公司主要包括杜邦植保、杜邦先锋和陶氏益农三大业务，涵盖杜邦和陶氏化学的作物种子和植物保护两大市场领域。

（2）氯虫苯甲酰胺的作用机理。

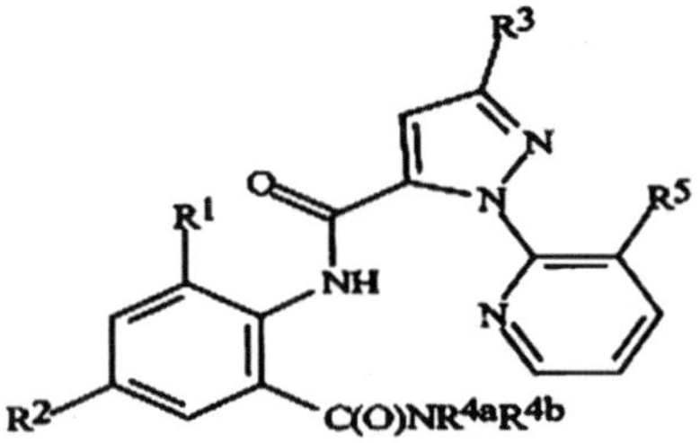

图3-8　氯虫苯甲酰胺的分子结构

氯虫苯甲酰胺属邻氨基苯甲二酰胺类化合物，作用机理是激活害虫鱼尼丁受体，导致钙离子无限释放，从而使害虫体内钙库衰竭，让害虫肌肉无法正常收缩，最终导致瘫痪后死亡。

氯虫苯甲酰胺主要以胃毒的形式来达到杀虫的目的，也就是害虫吃到带药叶片后肌肉麻痹，丧失活动能力，快速停止取食，但死虫较慢（往往需要3天左右），尤其是对大龄虫的防治，更需要耐心等待。这种杀虫方式不符合我国农民用药习惯。

19. 双酰胺类杀虫剂

所有双酰胺类杀虫剂的作用机理基本上都一样。这里以“9080”四氯虫酰胺为例，介绍此类杀虫剂。

名称	开发代号	分类*	开发者	上市时间	作用机制	防治谱
氯虫苯甲酰胺 chlorantraniliprole	DPX-E2Y45	A	杜邦&先正达	2007	别构激活 RyR	鳞翅目、鞘翅目、双翅目、半翅目、等翅目；咀嚼式口器害虫
溴氰虫酰胺 cyantraniliprole	DPX-HGW86	A	杜邦	2012	别构激活 RyR	鳞翅目、半翅目、鞘翅目；咀嚼式口器和刺吸式口器害虫
四氯虫酰胺 tetrachlorantraniliprole	SYP-9080	A	沈阳化工研究院	2013	别构激活 RyR	鳞翅目
环丙虫酰胺 cyclaniliprole	IKI-3106	A	石原产业	2016	别构激活 RyR	鳞翅目、半翅目、缨翅目、双翅目、等翅目
四唑虫酰胺 tetraniliprole	BCS-CL73507	A	拜耳	2020	别构激活 RyR	鳞翅目、鞘翅目、双翅目
噻虫酰胺	JS9117	A	江苏农药研究所	未知	别构激活 RyR(推测)	鳞翅目
硫虫酰胺 thiotraniliprole	HY366	A	青岛科技大学	未知	别构激活 RyR(推测)	鳞翅目
氟氧虫酰胺	ZJ3757	A	浙江化工研究院	未知	别构激活 RyR(推测)	鳞翅目
氟苯虫酰胺 flubendiamide	NNI-0001	B	日农&拜耳	2007	别构激活 RyR	鳞翅目
氯氟氰虫酰胺 cyhalodiamide	ZJ4042	B	浙江化工研究院	2015	别构激活 RyR	鳞翅目
溴虫氟苯双酰胺 broflanilide	MCI-8007	C	三井&巴斯夫	2019	别构抑制 GABAR	鳞翅目、鞘翅目、等翅目、膜翅目、双翅目、线虫

注：*A 为邻甲酰胺基苯甲酰胺，B 为邻苯二甲酰胺，C 为间甲酰胺基苯甲酰胺。

图3-9　双酰胺类杀虫剂

（1）“9080”四氯虫酰胺的发现史。

“9080”四氯虫酰胺是沈阳化工研究院自主创制的一种含吡啶基吡唑的二甲酰胺类杀虫剂，开发代号SYP-9080，2014年上市，其英文通用名tetrachlorantraniliprole于2018年3月获ISO批准。

（2）“9080”四氯虫酰胺的作用机理。

四氯虫酰胺是以氯虫苯甲酰胺为先导化合物进行结构修饰得到的，二者都属于邻甲酰氨基苯甲酰胺类化合物。

对四氯虫酰胺和氯虫苯甲酰胺的杀虫活性进行平行试验，发现二者的杀虫谱、作用方式和昆虫中毒症状均表现出一致性。推测四氯虫酰胺的作用机理与氯虫苯甲酰胺相同，为鱼尼汀受体调节剂——通过与鱼尼汀受体结合，打开钙离子通道，使细胞内的钙离子持续释放到肌浆中，钙离子和肌浆中基质蛋白结合，引起害虫肌肉持续收缩。靶标害虫因此表现为抽搐、麻痹、拒食，最终死亡。

四氯虫酰胺会对幼虫和蛹的生长产生影响，使虫体重量减轻、发育历期延长，这可能与靶标害虫体内的一些酶受到抑制或解毒酶的活性升高有关。

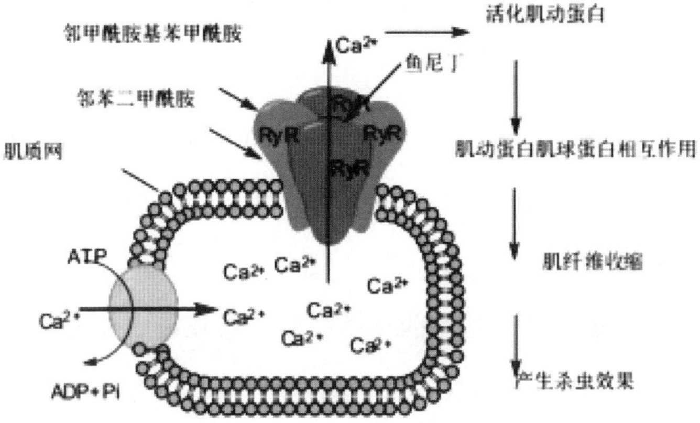

图3–10　鱼尼汀受体作用机理

四氯虫酰胺对多种害虫具有触杀、胃毒和内吸传导作用，对黏虫幼虫具有明显触杀活性，但不具有内吸传导性。也就是说，滴灌基本无效。

四氯虫酰胺没有杀卵活性。

20. 茚虫威

（1）茚虫威的发现史。

茚虫威是一种噁二嗪类杀虫剂，该类杀虫剂是由美国杜邦公司开发的新型钠通道阻断型杀虫剂。1998年上市，2012年完成我国国内企业登记。

（2）茚虫威的作用机理。

介绍茚虫威的作用机理，要先介绍一下电压门控钠离子通道。这个通道是动物神经传递电脉冲的重要通道。

这个通道的门有三个状态，一个是关着，一个是开着，一个是活化开启。如果把这个门关了，神经信号传递就出现问题了。

茚虫威具有独特的作用机理，其在昆虫体内被迅速转化为DCJW（N–去甲氧羰基代谢物）。由DCJW作用于昆虫神经细胞失活态电压门控钠离子通道，不可逆阻断昆虫体内的神经冲动传递，破坏神经冲动传递，导致害虫运动失调、不能进食、麻痹并最终死亡。

茚虫威有触杀和胃毒作用。药剂通过接触和取食进入昆虫体内，0～4小时内昆虫即停止取食，随后麻痹、协调能力下降（可导致幼虫从作物上落下），一般在用药后24～60小时死亡。

茚虫威有很强的亲脂性，所以不用打助剂也可以透过叶片的蜡质层。

茚虫威因为作用机理和氯虫苯甲酰胺有所不同，一般作为替换农药使用。近年在高抗区域的使用量有回升的态势。

21. 丁硫克百威

（1）丁硫克百威的发现史。

丁硫克百威的是美国FMC（富美实）公司在1980年研发的。之前我们提到，2017年富美实从杜邦公司收购了氯虫苯甲酰胺的知识产权。

富美实成立于1883年，总部位于美国费城，其创始人约翰·比恩发明并推广了背负式喷雾器。

（2）丁硫克百威的作用机理。

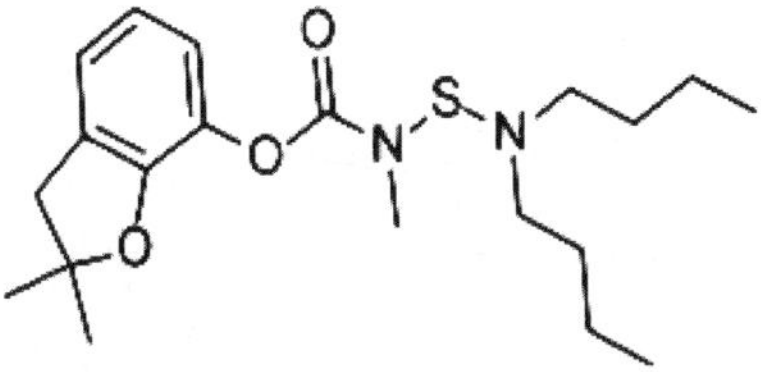

图3-11 丁硫克百威的分子结构

丁硫克百威是剧毒农药克百威的低毒化品种之一，属高效、使用方便的杀虫杀螨剂，是克百威较理想的替代品种之一。其杀伤力强，见效快，具有胃毒及触杀作用。

其毒性机理是抑制昆虫乙酰胆碱酶和羧酸酯酶的活性，造成乙酰胆碱和羧酸酯的积累，影响昆虫正常的神经传导而致死。特点是脂溶性、内吸性好、渗透力强、作用迅速、残留低、有较长的残效、使用安全等，对成虫及幼虫均有效，对作物无害。

22. 虫酰肼

（1）虫酰肼的发现史。

1990年，美国罗姆–哈斯公司在其开发的抑食肼的结构基础上进行改造，开发得到了新型高效低毒杀虫剂虫酰肼和甲氧虫酰肼。这两种药剂对鳞翅目害虫活性高而对非鳞翅目害虫活性低，且甲氧虫酰肼的杀虫活性高于虫酰肼。

（2）虫酰肼的作用机理。

虫酰肼属蜕皮激素类杀虫剂，通过干扰昆虫的正常发育使害虫蜕皮而死，作用机理是使幼虫（特别是鳞翅目幼虫）取食后在不该蜕皮时蜕皮，由于蜕皮不完全而导致幼虫脱水、饥饿而死亡，同时可控制昆虫繁殖过程中的基本功能，具有较强的化学绝育作用。

虫酰肼主要通过胃毒作用致效，同时也具有一定的触杀性。一般喷药后6～8小时内停止取食，2～3天内脱水，与其他杀虫剂无交互抗性。

注意：自2019年4月1日起，甲氧虫酰肼在欧盟国家仅限用于温室。

（三）植物生长调节剂

植物不像人，有大脑指挥。植物指挥自己的整体一般都是用的信息素。后来，人们把这些信息素拿出来分析，做成能调节植物生长的农药，就是平常所说的调节剂了。

1. 芸苔素

（1）芸苔素的发现史。

芸苔素甾醇，是人类发现的第六个天然植物激素。

1968年，丸茂晋吾等对从蚊母树中提取出来的甾醇混合物开展研究，并从蚊母树叶片中分离提取到蚊母素A和蚊母素B，经稻叶倾斜法测试，其生物活性明显高于生长素。但这一成果在*Agri. Biol. Chem*上发表后，并未引起学界关注。

1970年，美国农学家J. W. Mitchell等从油菜花粉中提取出芸苔素。所以芸苔素又被称为油菜素。

后来，美国学者Grove，Mandava等在*Nature*上发表了提纯芸苔素得到单一物质及该物质结构测定的论文。经仪器分析，得知该物质是由脂肪酸和葡萄糖所组成的酯类化合物。这些酯类化合物经菜豆的第二节间伸长试验，活性很低。他们估计，真正的活性物质，其含量大概是极微量的，必须从大量的花粉中获得高活性的物质。

经过大量的工作，他们终于从油菜花粉中得到了高活性结晶物，于1979年测定其结构为甾醇内酯化合物，并把芸苔素改名为芸苔素内酯（Brassinolide，BL）。

1998年，在日本千叶举行的第十六届国际植物生长物质协会会议上，芸苔素甾醇类物质（BRs）被正式确认为继生长素（IAA）、赤霉素（GA）、细胞分裂素（CTK）、脱落酸（ABA）、乙烯（ETH）之后的第六类植物激素。

（2）芸苔素的作用机理。

①促进了细胞的伸长和分裂。这个是我们常用的一个加快生育期调节的手段。注意，压缩生育期使用芸苔素容易出现旺长，所以，我们提供的方案中，用缩节胺调节旺长也是同步进行的。

②促进花粉管的生长和调节开花。初期（小孢子期），花粉中的芸苔素物质是结合态的，储存在淀粉颗粒中，花粉完成发育后，淀粉就把BRs释放出来。

喷施外源的BRs的时候，可以有效刺激花粉管的萌发，这点和硼肥有些类似。

③因为对生长素有促进作用，所以芸苔素可以使作物耐低温、耐高温、抗病、抗盐碱。大体上的机理是芸苔素加快了内在的激素调节。所以，遇到极端气候，我们会推荐棉农使用芸苔素+花果三宝的方案。

2. 甲哌鎓

甲哌鎓便宜好用，也叫缩节胺，是一个很经典的调节剂。

（1）甲哌鎓的发现史。

1974年，德国巴斯夫公司研发出甲哌鎓。20世纪80年代初期，矮壮素在我国棉花上的应用被甲哌鎓所代替（韩碧文，1982）。到现在已经40多年了。

（2）甲哌鎓的作用机理。

甲哌鎓是内吸性的生长调节物质，可被棉花叶片吸收并在植物体内运输，能有效地延缓棉花营养生长，缩短节间，塑造理想株型，改善光照条件，增加结铃等。在作物花期使用，没有副作用，不易出现药害。

甲哌鎓属于植物生长延缓剂，和多效唑、烯效唑、矮壮素作用相似。甲哌鎓通过抑制赤霉素前体贝壳杉烯的形成，改变细胞形状，但不影响细胞分裂的个数，可使间节缩短，达到矮化植株效果。

甲哌鎓有较好的内吸作用。植株的叶片和根部对其进行吸收，然后传导到植物全身来降解植物体内的赤霉素活性，从而抑制细胞生长，使芽长势减弱，使植株节间缩短，株型紧凑，并且增强叶绿素的合成，控制植株旺长。正确施用可以有效改变植物果枝夹角，促进植物的通风透光性能。

因蚜虫有趋颜色、趋嫩的特性，使用甲哌鎓喷雾后可显著提高棉花抗蚜虫作用。此外，甲哌鎓还可以增加叶片硝酸还原酶和谷氨酸合成酶的活性，使棉花光合作用增强，生长更健壮，显著提高棉株抗枯黄萎病的能力。

3. 调环酸钙

（1）调环酸钙的发现史。

调环酸钙是由日本组合化学工业公司开发的一种新型植物生长调节剂，于1994年在日本推出，属酰基环己二酮类生长延缓剂。

日本组合化学工业株式会社，起源于1928年柑橘工业协会，1968年更名为日本组合化学工业株式会社，是一个有历史的化学企业。

（2）调环酸钙的作用机理。

调环酸钙最早在日本用于水稻的抗倒伏，之后在欧美用于草坪、果树的控旺，以及果树火疫病的防治。

调环酸钙是一种环己烷羧酸钙盐，真正起作用的是调环酸。调环酸钙喷施到植物上时，可以快速被作物叶片细胞吸收，植物合成赤霉素的部位就在叶片当中，可以直接作用于靶标，所以具有高活性的特点。同时调环酸钙的半衰期很短，在含有丰富微生物的土壤当中，半衰期不超过24小时，而且调环酸钙的最终代谢产物为二氧化碳和水，绿色环保。注意，滴灌无效。其作用如下：

①通过抑制赤霉素生物合成，对植物内源起到保护作用，实现了营养生长向生殖生长的转化，起到保花保果作用，使果实数量增加。

②通过解除植物反馈抑制，增加光合作用，让作物获得更多的光合产物，为生殖生长提供能量。

③促进同化物卸载，让能量中心转移至果实，引

导同化物向果实转移，产量增加，糖分增加。

④通过调控ABA、水杨酸等抗逆诱导剂，让作物有更好的抗逆性。

⑤调控作物体内细胞分裂素，根系更加发达。

这些作用与缩节胺相似。但是，这个产品极大的优势是对于环境特别安全，直接代谢为二氧化碳和水，基本上没有残留。

调环酸钙遇到水，超过24小时就会分离成调环酸和钙。分离之后再喷施到叶片上，太阳光照射十多分钟就会变成二氧化碳和水，作物无法吸收，这就是调环酸钙的缺点。所以需现用现配。

4. 噻苯隆

（1）噻苯隆的发现史。

噻苯隆是德国先灵公司1976年合成的。德国先灵公司是非常著名的医药企业，是Ernst Schering，一位药剂师，于1851年在柏林的北部创办的。1885年，先灵公司的药剂就进入中国了。

2006年，先灵公司与拜耳公司合并。

（2）噻苯隆的作用机理。

噻苯隆是细胞分裂素，在植物中可以作为调节剂、保鲜剂、落叶剂使用，主要成分是脲类植物细胞分裂素。在此我们仅介绍其作为调节剂和保鲜剂的原理。

①作为调节剂，噻苯隆可以抑制细胞分裂素氧化酶的活性，让其失活，让细胞分裂素积累，这个作用不可逆，引起腺嘌呤、腺苷、玉米素、二氢玉米素的积累。同时，噻苯隆处理后，很多作物会出现类似生理胁迫现象产生的酶的增加，即可以人为调节和刺激生长素的合成。

②作为落叶剂，能够刺激植物产生乙烯利，并增加果胶和纤维素酶的活性，从而促进果实的发育和提早脱落。这也是它在棉花上作为脱叶剂的一种应用方式，被植株吸收后，可促进叶柄与茎之间的分离组织自然形成而脱落。

噻苯隆对于温度非常敏感，所以在使用噻苯隆脱叶时，经常添加敌草隆。参见前文除草剂部分。

注意，噻苯隆不能拌种。

5. 乙烯利

（1）乙烯利的发现史。

乙烯是人类最早发现的植物激素之一，我国古人就发现将采摘下来的果实放在燃烧香烛的房子里可以促进果实成熟。

19世纪，德国人发现在泄漏的煤气管道旁的树叶容易脱落。而第一个发现植物能产生一种气体，并对邻近植物产生影响的是卡曾斯，他发现橘子产生的气体能催熟与其混装在一起的香蕉。

1934年，甘恩（Gane）首先证明植物组织确实能产生乙烯。随着气相色谱技术的应用，人们在乙烯的生物化学和生理学研究方面取得了许多成果，并证明高等植物的各个部位都能产生乙烯。1966年，乙烯被正式确定为植物激素。

乙烯利于1962年由礼来公司首先开发。

（2）乙烯利的作用机理。

乙烯利的作用就是在植物体内释放出乙烯。

①主要是增强细胞中核糖核酸合成的能力，促进蛋白质的合成。

②在植物离层区，如叶柄、果柄、花瓣基部，由于蛋白质的合成增加，加速了离层形成，导致器官脱落。所以，落叶剂中我们常常添加乙烯利。

③乙烯利能增强酶的活性，在果实成熟时还能

活化磷酸酯酶及其他与果实成熟的有关酶，促进果实成熟。

④在衰老或感病植物中，由于乙烯利促进蛋白质合成而引起过氧化物酶的变化，所以能抑制内源生长素的合成，延缓植物生长。

注意，在使用落叶剂时要注意气温。气温低于12℃时棉花生理不活跃，无法达到理想的落叶效果。

6. 烯效唑

烯效唑、缩节胺、氟节胺、矮壮素现在是新疆棉农常用的打顶剂成分。

（1）烯效唑的发现史。

烯效唑是日本住友在20世纪80年代推出的产品。大家常见的马拉硫磷、乐果、乙螨唑都是日本住友研发推广的。除草剂中的丙炔氟草胺，也是住友开发的产品。

（2）烯效唑的作用机理。

烯效唑属广谱性高效植物生长调节剂，兼有杀菌作用，是赤霉素合成抑制剂。可通过种子、根、芽、叶吸收，并在器官间相互运转，但叶吸收向外运转较少。向顶性明显。

其杀菌原理是：阻碍菌体羊毛甾醇氧化脱甲基反应，从而切断了麦角甾醇的生物合成，防止多种病菌的生长，达到杀灭病菌的目的。

烯效唑可以滴灌。烯效唑通过植物根部吸收后在植物体内传导，有稳定细胞膜结构、增加脯氨酸和糖的含量的作用，提高植物抗逆性。

①烯效唑对于不同植物的株型有着显著的修饰效应。

②烯效唑对植物生理学特性有显著的调节作用，能够提高叶片光合速率，延缓叶片衰老速率并且能够促进同化物从源到库的转运。

③烯效唑对植物的逆境胁迫有一定的预防和缓解作用。

④烯效唑能够促进多种植物的花芽分化。多种果树经烯效唑处理增加了花芽形成率，加速了花芽分化的进程，缩短了花芽形成的延续时期，证明烯效唑对多种果树有促花效应。

烯效唑作为新疆棉区的重要滴灌药剂，应该会有更好的市场前景。

7. 复硝酚钠

（1）复硝酚钠的发现史。

复硝酚钠最早应用于结核病防治，它能显著促进人体血液循环。1951年，日本东京大学的岛崎发现医院护士无意间洒到草地上的清洗注射器的水竟能促进植物生长，这引起了岛崎先生的极大兴趣。经研究，其主要有效成分为5–硝基愈创木酚钠。

1953年，日本旭（Asahi）化学工业株式会社研发出1.8%爱多收水剂，这就是复硝酚钠的前身。

（2）复硝酚钠的作用机理。

复硝酚钠是一种强力细胞赋活剂，它源于植物体内。在愈伤组织细胞和根尖组织等处富含复硝酚钠单体（酚）成分。植物吸收后，在体内代谢为酚类物质，调节体内代谢，促进细胞分裂与扩大，提高叶绿素含量和体内原生质环流速度。

复硝酚钠的作用，比起芸薹素，在植物生长后期比较弱。但是，在植物还小的时候，是相当有用的。复硝酚钠能够迅速进入植物体内，促进植物细胞的原生质流动。就好像人喝了咖啡，特别有精神。

复硝酚钠能加快生根速度，打破休眠，促进生长发育，防止落花落果，改善产品品质，提高产量，提高作物的抗逆能力。

（四）抗生素

抗生素是农药中非常重要的一大类别。

棉花中的抗生素，主要是对付枯黄萎病的。其他的病害，包括立枯病、根腐病，基本上在苗期通过拌种就可以防治。但是这两年因为雨水多，棉铃因为蚜虫造成的霉污等也需要抗生素处理。

抗生素又称杀菌剂、杀菌灭藻剂、杀微生物剂等，通常是指能有效地控制或杀死微生物——细菌、真菌和藻类的化学制剂，是防治各类病原微生物的药剂的总称。我们在此只讲农药里的抗生素，棉农惯称其为杀菌剂。

据调查，全世界对植物有害的病原微生物（真菌、强菌、立克次氏体、支原体、病毒、藻类等）有8万种以上。历史上曾多次发生因某种植物病害流行而造成严重饥荒，甚至大量人口饿死的灾祸。比较著名的就是爱尔兰马铃薯晚疫病，曾造成爱尔兰上百万人口的死亡。

使用抗生素是防治植物病害的一种经济有效的方法。植物的抗生素分类如下：

按照传导方式分为内吸类和非内吸类；按照使用方式分为保护剂类和治疗剂类；还有按照原料性质进行的分类等其他分类方法。

有的人说用抗生素可以治疗棉花枯黄萎病，三天就好。棉农应当提高警惕。枯黄萎病是棉花的绝症，也是世界难题。治疗棉花枯黄萎病，不能单靠一种方法。

第一个是要选好品种；第二个是在滴水的时候滴入单一纯菌发酵的生物菌；第三个是喷施内吸类的抗生素，一般我们推荐用辛菌胺、噁霉·福美双进行轮换喷施。

植物用抗生素主要有以下几种。

1. 辛菌胺

（1）辛菌胺的发现史。

辛菌胺是我国具有自主知识产权的农药，由山东省化工研究院研制，并于20世纪90年代开始推广。

山东省化工研究院始建于1958年，前身是中国科学院济南化学研究所和山东省石油化工研究所，是山东省最大的综合性化学化工技术研究与开发单位，位于山东省济南市。

2017年3月，山东省化工研究院整建制并入青岛科技大学，并更名为山东化工研究院，成为青岛科技大学的科研机构，同时加挂青岛科技大学济南校区牌子。

（2）辛菌胺的作用机理。

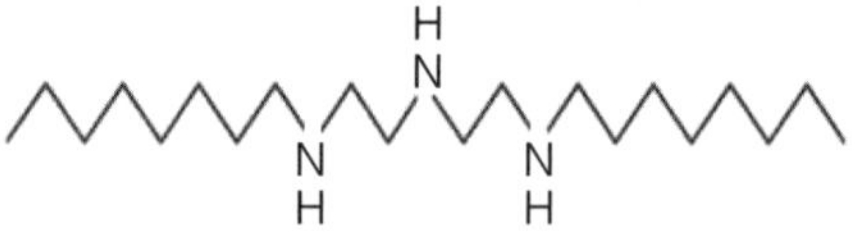

图3–12　辛菌胺结构式

辛菌胺一般以醋酸盐或盐酸盐形式存在，在水溶液中可以电离，其亲水基团含有很强的正电荷，可以吸附通常为阴性的各种病毒，从而抑制病毒的繁殖，使细菌的蛋白质固化。此外，聚合物形成的薄膜阻断了这些微生物的离子通道，使其窒息而死，从而达到杀菌效果。

辛菌胺具有内吸性和强渗透性，具有向上、向下和双向运输的特性。

辛菌胺具阳离子特性，与土壤胶团结构中的阴离子结合后不易被释放，所以滴灌基本无效。

安徽省农业科学院植保质安所（2023）明确了辛菌胺存在特异性的高毒性，并提出了该化合物通过影响病原菌细胞铁代谢从而发挥杀菌作用的一种新的作用机理。

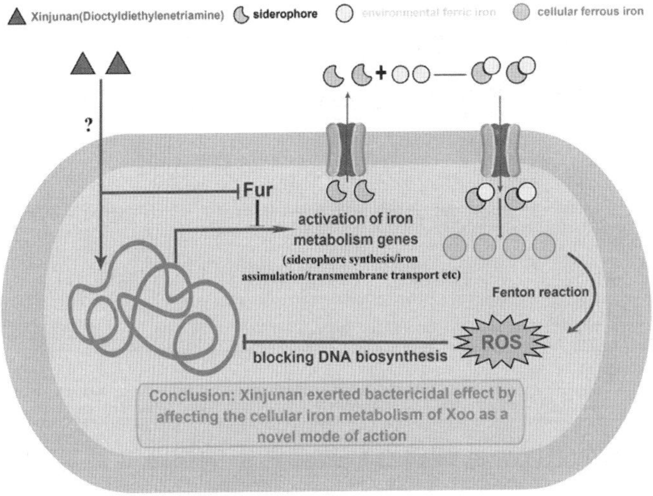

图3–13　辛菌胺作用机理

2. 噁霉灵

（1）噁霉灵的发现史。

噁霉灵由日本三共公司在1970年左右开发得到。日本三共公司筹建于1899年；2005年，三共改名为第一三共。

（2）噁霉灵的作用机理。

噁霉灵是一种内吸性抗生素和植物生长调节剂，属于杂环类化合物，主要通过抑制核酸合成来抑制真菌生长。

噁霉灵进入土壤后被土壤吸收并与土壤中的铁、铝等无机金属盐离子结合，有效抑制孢子的萌发和病原真菌菌丝体的正常生长或直接杀灭病菌，药效可达两周。

噁霉灵能被植物的根吸收及在根系内移动，在植株内代谢产生两种糖苷（O葡萄糖苷和N葡萄糖苷），对作物有提高生理活性的效果，从而能促进植株生长、根的分蘖、根毛的增加和根的活性提高。对土壤中病原菌以外的细菌、放线菌的影响很小（注意不是没有）。

在滴灌时，建议和其他的生物菌分开滴入。

噁霉灵还能促进植物生长，并具有促进作物根系生长发育、生根壮苗、提高农作物的成活率的作用。噁霉灵的渗透率极高，2小时就能移动到茎部，20小时移动至植物全身。

在土壤里可分解成噁唑酮、乙酰胺，最终变成二氧化碳和水，对环境安全。

3. 福美双

福美双其实在生活中常见，它经常被当作香皂的除臭剂和杀菌剂使用。

（1）福美双的发现史。

1931年，杜邦公司研制出了福美双。虽然其有杀虫作用，但是因为杀菌作用更为突出，所以一般作为抗生素使用。

（2）福美双的作用机理。

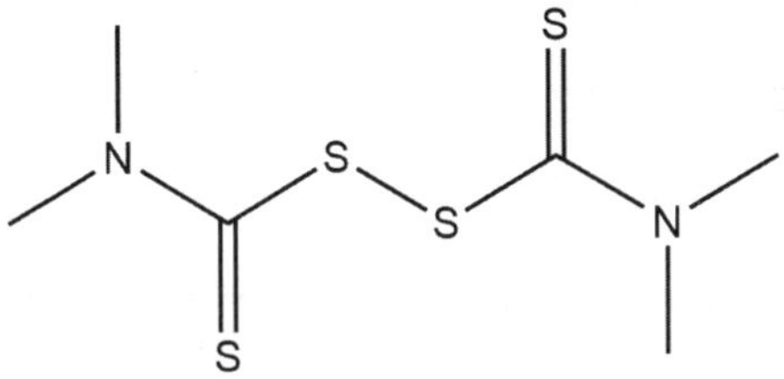

图3–14 福美双的分子式

福美双的杀虫作用机理主要是破坏害虫体内的神经、肌肉和消化系统，从而达到杀虫的效果。

福美双的杀菌机理主要是破坏病原菌细胞壁、细胞膜和代谢系统，通过抑制病菌一些酶的活性和干扰三羧酸代谢循环而导致病菌死亡，从而达到杀菌的效果。

该药有一定渗透性，在土壤中持效期较长，高剂量时对田鼠和野兔有一定驱避作用。不建议直接喷施，易起药害，更多的使用方式是进行根部处理。

二、农药增效剂

增效剂本身无生物活性，但与某种农药混用时，能大幅度提高农药的药效，如增效醚、增效敏、八氯二丙醚、增效磷、增效酯、增效胺等。正确使用增效剂可以降低农药的用量，缓解有害生物的抗药性，并可减轻农药对环境的毒性压力。

比如，增效剂能够将农药喷出的雾化水珠变成液膜，效果非常好。现在飞防常用的农药中也添加了沉降剂作为增效剂。

增效剂没有农药登记许可证，仅是一种化工产品。

第四章

田间管理

一、准备工作

一定要养成好的习惯。给自己列一个表格，这个表格的内容包括了什么肥料、用量多大、什么时候干了什么、什么时候打了什么农药等。

为什么要这么做呢？这个就像是医生给病人写的病历，有了病历就方便了疾病的诊疗工作。当然，如果不会列表格，把自己每天做了什么用自己的语言记录到一个小本子上面也是可以的。

二、高产种植

棉花根据生育期，要适时播种。一般情况下，在能够提前的情况下，尽量早种。早种的棉花比晚种的棉花产量高，但是早种有个前提：气温适宜。前面我们提到，适宜棉花生长的最低气温是12℃，如果达不到这个温度，棉籽就容易霉烂。

在种植前一定要根据自己的种植地区确定密度，可按照自己习惯和周边高产地的情况进行。

（一）播种前和出苗期管理

出苗期相当于婴儿阶段，一般为7～12天。

棉籽在播种前需要拌种。在新疆，一般情况下种子公司会进行拌种操作。

有很多的技术资料提倡拌种用缩节胺，目的是培养壮苗。但是，由于拌了缩节胺的棉花会有晚出一到两天的现象，所以一定要根据天气状况调整。天气不好的时候，比如多雨的天气，不建议使用该药剂，防止烂种。此外，如果是机采棉，不建议拌缩节胺。

拌种的时候可以拌肥料，但是浓度不能太大。种子发芽的时候，将体内的养分消耗完毕，但是根部还没有开始吸收养分，这时拌种肥就起到了营养补充的作用。

（二）苗期管理

苗期管理的要求：二叶平，四叶横，六叶亭，七八出侧枝，九叶旋一叶。这里的叶片说的是真叶（真叶就是子叶脱落后发出的叶片）。但是要注意，现在的始果苔因为机采的原因，需要放置在20厘米以上。

同时要多中耕。中耕的目的是提高地温、缩小土壤的孔径，确保棉苗的根部长势。

（1）二叶平：指的是第一片真叶和第二片真叶出苗平展，高度大体一致，大小也差不多。

（2）四叶横：指的是在第三片、第四片真叶发育完全，第五片叶片未出的时候，第三片、第四片真叶的直径大于高度。简单地说，就是第三片、第四片真叶的横宽大于高度。

（3）六叶亭：在地里远远望去，六片叶子的形状看上去像个亭子。

（4）七八出侧枝，九叶旋一叶：新疆大部分棉田种的都是陆地棉，按照陆地棉的标准来说，叶序是3/8，也就是八片叶子刚好绕叶片三周，第九片叶子和第一片叶子重叠。

根据这个生理特征，可以判断我们的管理是否得当。比如，第九片长过了第一片，一般我们判定为过旺了；没过，判定为弱了。当然，还要根据苗情、苗势综合判断。

从出苗到现蕾一般有25～35天，如果4月10日种下（干播湿出以滴出苗水为种植时间），那么苗期结束就是5月15日和5月25日之间了，现初蕾大概是5月15日。以此类推。

管理要点虽然简单，但是苗期的管理决定了后期的产量。在北疆种植时候，大体实行的是高矮密栽培模式，所以第一个果枝的高度，和后期棉花单株的空间布局有很大的关系。

按照现有的管理模式，在出苗的时候，根据情况，要喷施缩节胺。具体喷施的量要咨询当地的技术人员。

在肥料方面，“苗施蕾用”是关键。一般情况下，出苗水后，隔一次水，就可以滴入肥料了。根据底肥的情况，我们可选择具体的滴入肥料配比，这点可以和技术人员具体沟通。

苗期的立枯病也比较多，处理方法绝大多数就是中耕。立枯病在种植水平比较高、水肥管理得当的地方少见。

还要注意蚜虫、蓟马。大量的蚜虫容易造成弱苗、死苗等现象。少部分地方有椿象、三叶草夜蛾等危害。可根据具体虫情，决定喷施的药剂。

小知识

棉花最先开始出现的是子叶，子叶不像真叶一样有裂片，我们将这种叶片叫作不完全叶。子叶有两片，是对生的。一般情况下，子叶有50天左右的寿命。当然，遇到干旱等逆境，容易脱落。小的子叶只有大的子叶的80%左右大小。

这个时期营养供给的好坏，可以影响到棉花的纤维强度等诸多指标。要培养壮苗，首先就要保护好子叶。

（三）蕾期管理

这个阶段是棉花最重要的阶段，能够奠定棉花的产量。时间在30天左右。如果4月10日种植，一般5月

15日至6月15日现蕾。

（1）棉花在现蕾期的特点：

①温度。现蕾需要的温度条件特别严格（陆地棉对光周期不敏感），气温要超过20℃。温度越高，现蕾越快。当然，夜晚气温如超过30℃，也容易造成幼铃的脱落。

②生理性状。现蕾时出现的是6～7片真叶的叶腋，一般情况下，先出现3毫米左右的蕾，一到两个星期内长大。

③规律。现蕾由下向上，由内向外，顺时针长。一般情况下，2～3天，生长一个果枝。一个果枝上，一个星期左右生长出第二个蕾。（这个时间点是根据二式和三式果枝来说的。）

（2）根据蕾期的特点我们需要了解以下内容：

①水肥一定要跟上。这个时候，叶面肥（滴灌肥）就起到了关键作用。

②根据现蕾的规律，我们可以适当喷施一些诱导性农药，比如苯肽胺酸配合缩节胺喷雾，调节营养生长和生殖生长。

③缩节胺喷施的克数，计算方法为株高（厘米）

除以10。比如20厘米株高就喷施2克，30厘米就喷施3克（依品种不同有所改变），以此类推。

缩节胺在水前三天进行喷施比较好。很多农户经常是边浇水边喷施，或者看到长势太旺了才喷施，效果不是很理想。

要视长势进行调控。棉花打顶后，一般需要化控1～2次。第一次在打顶后3～5天，每亩保苗在1.2万株左右的田块，施缩节胺4～5克，兑水30千克；保苗在1.6万株以上的田块，施缩节胺6～7克，兑水40千克。第二次则视棉株的个体发育及群体大小情况，根据天气、土壤湿度、棉株长势等进行适度的重控，一般每亩施缩节胺8克左右。当然，一定要因地制宜，因品种制宜。

喷施缩节胺正确方法是：先把缩节胺溶解在称量过的盆或塑料桶容器中，按说明稀释并充分搅拌后加入喷雾器内。喷施缩节胺应掌握匀而不满、喷高不喷低、喷旺不喷衰的原则。在下午5时后喷施最好，因为在高温、强光下喷施会降低效果。喷后6小时内遇雨会影响吸收，雨量大、持续时间长则无效，需重喷。

同时，要因地制宜灌水，并看长相补肥。

（四）花铃期管理

这个时期棉花对氮肥、磷肥、钾肥需求最大。如果4月10日种植，一般6月15日到8月25日属于花铃期的管理时间。

这个时间最主要的工作就是打顶。以上面的时间推算为例，7月5日前把顶打掉是关键的。这个是棉花的生长规律。很多农户看到棉桃少，想推迟打顶，但是推迟的结果，是果枝上的果节没有分化出来，顶上分枝出来再经过分化，就成为秋桃了，赶不上伏桃的产量。

水肥管理在这个阶段是关键，而磷钾肥就是关键中的关键，肥料施用不要省。

这一时期的工作目标是“保住伏前桃，主攻伏桃，增加秋桃”。伏前桃指的是7月15日前，也就是打顶前形成的铃，量小，但是重量大，增产效果明显。9月5日前能够成熟的棉桃就属于这个类型。

伏桃指的是7月15日到8月15日左右形成铃，9月5日到10月5日（下霜前）成熟的棉桃。

秋桃指的是8月15日后能够正常吐絮，10月5日之后成熟的棉桃。

以上日期适用于北疆地区。

棉铃按其开花结铃时间的早晚，分为伏前桃、伏桃和秋桃，即生产上所谓的“三桃”。有人把秋桃又分为早秋桃（8月16日至8月31日所结成铃）和晚秋桃（9月1日以后所结有效成铃），在概念上分为“四桃”。

伏前桃为早期铃，它的多少可作为判断棉株是否早发稳长的依据，但由于它着生在棉株下部，光照条件差，故品质较差，烂铃率较高。从高产优质出发，其比例不宜过大，纯作春棉以占总铃数的10%左右为宜。在黄河流域棉区，两熟直播棉田一般很少有伏前桃。夏播棉则无伏前桃。伏前桃过多不仅烂铃增加，而且对营养生长早期抑制过量甚至会导致棉株早衰，不利于结铃，也不利于在最佳结铃期内多结优质铃。

伏桃是构成产量的主体桃。由于其所处的外界温光水条件适宜，体内有机养料多，故表现为单铃重高、品质好。高产棉田伏桃一般要占总铃数的60%左右，产量占总产量的60%～70%。所以，多结伏桃是优化成铃结构，夺取高产优质的关键。

早秋桃由于所处的环境条件气温较高，昼夜温差大，光照充足，所以只要肥水跟上，早秋桃的成铃率高，铃重较大，品质也较好。从优化成铃和高产优质的角度出发，它仅次于伏桃，也是构成棉花高产优质的重要组成部分。一般高产棉田，早秋桃应占20%左右；两熟棉田和夏棉，早秋桃更是形成产量的主体桃。

晚秋桃着生在棉株上部和果枝的外围果节上，是在气温逐渐下降、棉株长势逐渐衰退的条件下形成的棉铃，所以铃重轻、品质差。但晚秋桃的多少可反映棉株生育后期的长势。若晚秋桃过多，表明棉株贪青晚熟；过少，则表示棉株衰退过早，伏桃和早秋桃的铃重和品质也会受到影响。一般晚秋桃以10%左右为宜。

小知识

棉铃增大期大体上为20～30天，此后棉铃大小就固定了。然后就是棉铃充实期，这个阶段有25～30天。在这两个阶段，我们主要的工作就是加强水肥的管理。

我们将蕾期和铃期总称为花铃期。这个时期是决定棉花产量的重要时期。

1. 蕾铃脱落的一般规律

（1）蕾铃脱落的比例：总的趋势是落铃率高于落蕾率，落蕾与落铃的比例约为3∶2。

（2）蕾铃脱落的日龄：现蕾以后11～20天的蕾脱落最多，20天以上的大蕾脱落较少。棉铃开花后3～8天的幼铃最容易脱落，以3～5天为最多，10天以上的幼铃很少脱落。

（3）蕾铃脱落的部位：一般下部果枝蕾铃脱落少，上部果枝蕾铃脱落较多；靠近主茎的蕾铃脱落少，离主茎远的蕾铃脱落多。但密度过大、肥水过多、棉株徒长时，蕾铃脱落部位与上述相反。

（4）蕾铃脱落的时期：初花期以前很少脱落，以后逐渐增多，到开花结铃盛期达到高峰，之后又逐渐减少。据研究，7月下旬至8月上旬，开花结铃盛期的脱落数占总脱落数的56%左右。

（5）不同棉种和品种间蕾铃脱落的差异：据统计，陆地棉脱落率最高，中棉次之，海岛棉最低。陆地棉品种间，蕾铃脱落率差异较大，相差高达35%左右。

2. 蕾铃脱落的原因

（1）生理脱落：生理脱落是蕾铃脱落的主要原因，占总脱落量的70%左右。造成生理脱落的因素很多，主要有以下几点：

①有机养料不足或分配不当。当外界环境条件不适合时，棉株生长瘦弱或徒长，引起棉株体内有机养料不足或分配不当，使蕾铃得不到充足的有机养料而脱落。在外界环境条件中，对生理脱落影响最大的是肥、水、光、温等因素。

②没有受精。未受精的幼铃，由于生长代谢强度弱，吸收养分能力差，必然导致脱落。影响受精的原因很多，开花时遇到降雨、高温、干旱等不良环境条件，都会破坏花粉和授粉受精过程。（这个时候施用硼肥会好点。）

③植物激素平衡失调。棉株体内含有生长素、赤霉素、细胞分裂素、脱落酸和乙烯五大类内源激素。

这些激素类物质含量发生改变后，会使激素之间失去平衡状态，引起蕾铃脱落。（这个时候可以喷施花果三宝。）

（2）病虫害：病虫害可直接或间接引起蕾铃脱落。虫害有盲蝽象、棉铃虫、棉蚜等；病害主要有枯黄萎病和红叶茎枯病（8月初常有）等。

（3）机械损伤：棉花在生长期，田间操作管理不慎，或者遭到冰雹、暴风雨等的袭击，都会损伤枝叶或蕾铃，引起蕾铃脱落。

3. 棉花烂铃、蕾铃脱落防治措施

（1）合理施肥。增施有机肥和磷钾肥，适量施用氮肥，防止棉株旺长，减轻棉田郁蔽，改善通风透光状况。

（2）及时排水。对于地势低洼、排水不畅，积水较重的棉田，应加深排水沟，以便加快排水速度。改善棉花生长发育环境条件。

（3）适度化控。肥水条件较好的棉田，棉株容易旺长，应于棉花生长的前、中期合理喷施缩节胺，调节棉花生长，防止棉株徒长，减轻铃病危害。

（4）调节结铃。地膜棉或早发棉花的伏前桃过多，通过采取有效措施，调节棉花结铃期和结铃部位，可减少烂铃。对于早发棉花，建议摘除下部第一至第四果枝上的早蕾，或及早去掉第一、二果枝。

（5）合理整枝。对于行距过窄、封行较早的棉田，为防止棉田过分郁蔽，改善中下部光照条件和通风状况，应尽早打去边心，这样可减少蕾铃脱落和烂铃。

（6）中耕松土。行间中耕松土，可破除地面板结，降低棉田湿度，对减轻棉花烂铃有很大益处。

（7）每一水滴入棉护士发酵液体，做到根系强健。

4. 花铃期管理要点

棉花的花铃期，是棉花管理的关键时期，也是决定棉花产量、质量的关键时期。

然而，此时期气候变化大、灾害频发，旱涝、冰雹等较常出现，常常给棉花生产造成危害。生产实践证明，要实现棉花优质高产，这一时期加强管理是关键。

棉花结铃盛期，是棉花一生中转化、贮存能量效率最高的时期。实现棉花多结桃、结大桃是棉花结铃期田间培管措施的主攻目标。其主要的管理要点如下：

（1）重施花铃肥。应看天、看地、看苗定施肥时间，棉花长势老健、地力较差、天气干旱时要早施，棉花长势旺、地力好、天气雨水较多时适当迟施。

（2）化学调控。一是在棉花开花结铃期用缩节胺化控，使植株矮壮，蕾铃脱落少，结铃率提高。二是棉花打顶后7～10天喷施缩节胺封顶，能防止上部果枝过长和赘芽的发生，提高棉花上部结铃率。

（3）补施盖顶肥。对有早衰趋势的棉花或花铃肥用量不足的田块，应及时补施盖顶肥，时间应掌握在8月10日以前。

（五）吐絮期管理

做好了前面的管理工作，这个时期的管理就非常简单了。注意不要让地太旱；在机采的时候，还要注意喷施噻苯隆的时机。

三、高产的“武林秘籍”

新疆机采超高产技术管理标准（十万朵棉花高产秘籍）如下。

（一）范围

本标准规定了新疆超高产技术管理棉花栽培的播前准备、播种、田间管理、病虫害防治、收获、贮存及运输。

本标准适用于新疆机采棉花生产。

（二）术语和定义

下列术语和定义适用于本文件。

1. 顶尖

主茎的生长点。

2. 围尖

果枝的尖梢。

3. 水杈

第一个果枝以下的叶枝。

4. 疯杈

主茎和果枝叶腋里发生的叶枝。

5. 干播湿出

无墒情播种，播种后迅速铺滴灌带进行滴水补墒。

6. 二叶一心期

棉花苗期真叶出现的时期。

7. “56711”管理

指的是以20厘米处为始果节，每5厘米一苔果枝，一共四苔；每6厘米一苔果枝，一共四苔；剩下每7厘米一苔果枝。

（三）播前准备

1. 选地和选茬

以平坦疏松的土地为宜；以禾本科、豆科作物前茬为宜。

2. 整地施肥

（1）整地。以秋翻冬灌为宜，来不及秋翻的应春翻。整地的整体原则，参考国家标准。

（2）干播湿出。时间以2～3天能够滴水为宜。

（四）播种

1. 选种及处理

（1）品种确定。根据气候特点选择经国家审定和省内认定的早熟的品种。

（2）种子处理。播种前选晴天将种子连晒2～3天。用包衣或药剂拌种为宜，每50千克种子用萎锈灵、福美双等农药拌种。

2.播种

（1）时间。棉花最佳播期是4月10日至4月30日。

（2）播种量。每公顷用种量25～30千克。

（3）方法。按照（10～12厘米）-（64～66厘米）-（10～12厘米）-（64～66厘米）的机采等间距播种。

播前未灌水的地块或底墒不足的要进行干播湿出。

播后先镇压后覆土2～3厘米。

3. 除草、覆膜

（1）每公顷用33%二甲戊乐灵3～4千克+50%扑草净2.25千克，加水400～500千克，均匀地喷在垄面上。在杂草比较多的田块，按当地技术员推荐的量进行喷施。

（2）喷除草剂后覆膜，膜应抻平拉直，每隔1.5～2米在膜面压防风土。

（3）对于杂草较大的土地，可以采用膜上喷施二甲戊灵的方案。具体量应在充分试验后确定。

（五）田间管理

1.苗期管理

（1）促根。滴灌时，每公顷滴入根之系（或者黄腐酸）15～30千克+机采力量（或者酸性含磷肥料）15～30千克进行促根。

（2）壮苗。在二叶一心期进行。

①盐碱地：每公顷喷施0.01%芸苔素150～200克+拌种保苗促蕾肥150～200克+一水硫酸锌1 500～2 000克。每7天喷施一遍，防止因为叶片缺素造成的叶片失绿现象。

避开中午高温时段进行。

②其他非盐碱地：每公顷喷施苗勃蕾旺1.5套，有利于壮苗早发，促进茎秆粗壮。

2. 蕾期花铃期管理

（1）灌水，密度、高度及追肥，中耕。

①灌水。从现蕾到结铃视土壤墒情及时灌水。

自己能够控制水源的，气温连续7天超过20℃就可以进水。采用高频滴水方案。

自己不能控制水源的，建议采用促根方案。根系稠密程度和肥料利用率有正相关性。

②密度、高度及追肥。结合密度管理决定放置高度，按照“56711”标准进行严格的指标设定。

密度建议采用1%亩进行测定，在机采棉标准行距12－64－12或者10－66－10的行距下，1.46米的保苗株数×200就是每亩的标准保苗株数。

按照“56711”管理原则，建议指标如下，有利于光合作用的效率最大化：

表4-1　密度、高度和果苔指标

保苗株数	最终控制高度与单株果苔
7 000株	1.2米，果苔15苔
8 000株	1.15米，果苔13苔
9 000株	1.1米，果苔12苔
10 000株	1.05米，果苔数11苔
11 000株	1米，果苔数10苔
12 000株	0.95米，果苔数9苔
13 000株	0.9米，果苔数8苔
14 000株	0.85米，果苔数7～8苔
15 000株	0.8米，果苔数7苔
16 000株及以上	0.75米，果苔数6～7苔

叶面喷施追肥：使用蕾铃多等花芽分化剂，促进叶枝转变为果枝，刺激花芽分化。

滴灌追肥：结合灌水进行追肥，根据高度制定相应方案，但是要密切关注叶色、红茎、茎粗、现蕾、柱头棱角（五棱就是五瓣花）等关键数据。

表4-2　十万朵棉花V9方案一

高度/cm	尿素单日摄入量/kg	十万朵棉花V9单日摄入量/kg	机采力量单日摄入量/kg
30	0.3	0.3	
40	0.4	0.4	
50	0.5	0.5	
60	0.6	0.6	
70	0.7	0.7	0.3
80	0.8	0.8	0.3
≥90	0.9	0.9	0.3

注：适用于土地、盐碱地。

表4-3　十万朵棉花V9方案二

高度/cm	尿素单日摄入量/kg	十万朵棉花V9单日摄入量/kg	柯信二安单日摄入量/kg	机采力量单日摄入量/kg
30	0.3	0.15	0.2	
40	0.4	0.2	0.25	
50	0.5	0.25	0.3	
60	0.6	0.3	0.35	
70	0.7	0.35	0.4	0.3
80	0.8	0.4	0.45	0.3
≥90	0.9	0.45	0.5	0.3

注：适用于沙地。

③中耕。在5月上旬到6月上旬中耕1～3次。

（2）化控。

用缩节胺兑水喷雾进行化控，以3～5次为宜，结合品种管理，按照日生长量精确管理。

（3）整枝、打顶。

①人工打顶。当单株果枝达到控制高度的时候打顶，7月10日前完成。

②采用打顶剂。建议比控制高度增加两苔果枝，多放置10厘米的高度，在7月15日前完成药剂打顶任务。

3. 吐絮期管理

8月底停水，停水和药剂喷施建议有20天的时差，这个时候，药剂喷施的效果好。同时根据气温进行合理管理。

9月上旬，在连续7天最低气温超过12℃时，对叶片均匀喷施落叶剂。时间建议在合理条件下越晚越好。

4. 除草剂药害处理

（1）苗期如遇除草剂药害，可用0.2%的生石灰或0.2%的碳酸钠清水稀释液喷洗棉株，同时应喷施苗勃蕾旺或者芸苔素内酯类药剂，每隔7～10天喷一次，连续喷施2～3次。

（2）滴灌除草剂产生药害，可以迅速滴入根之系1千克+机采力量1千克来缓解除草剂造成的问题。根之系刺激根系发展，机采力量增强蕾铃的保护。

（六）病虫害防治

1. 防治原则

应遵循下列原则：

（1）预防为主、综合防治。

（2）使用高效低毒、低残留的登记药剂。

2. 防治方法

以药剂防治为主，防治中应做到交替用药、均匀施药。

（七）收获

棉铃开裂14天后，机械采摘。采摘的时候一定要注意机器的管理。如果遇到特别干燥的天气，在不影响机器下地的情况下，可以提前10天左右滴入少量水，增加空气湿度。

（八）贮存

贮存环境应做到清洁、无污染。产品应放在阴凉干燥处，温度保持在30℃以下，相对湿度不超过70%，棉花含水率不得超过10%，注意通风、防潮、防火、防霉变。

（九）运输

运输设备应做到清洁、无污染，注意防火、防水、防潮。

做到以上各点，如果不出意外，在肥料和天气情况都比较理想的情况下，在北疆片区的高产也就不存在什么大的问题了。

记住一点：要高产，人努力，天帮忙。

第五章

盐碱地的基础知识和改良方式

盐碱地治理是一个世界性难题，从原理上来说，不是说不能改良，而是在农民可承受范围内的改良是有难度的。

新疆水资源比较短缺，所以传统的用水排盐的方案很难实行，而新疆又是盐碱地面积非常广的区域，盐碱地和次生盐碱地约占四分之一的可耕地的面积。采用因地制宜的改良方案势在必行。

一、所需要的设备和配套肥料

设备：农药滴灌器，固体肥料液化器，微生物发酵装置，智能球阀。

配套肥料：盐碱三宝，777，苗勃蕾旺，一水硫酸锌。

二、盐碱地的改良

（1）增加有机质。不管是轮种作物，还是增施农家肥，还是直接增施风化煤，都是以增加有机质为目的，减轻植物受到的盐碱伤害，然后逐步将盐碱地改良为可以正常耕种的土地。

（2）滴入相关物质，刺激根系发生发展。如滴入盐碱三宝，影响根系周边环境，然后同时滴入相应的发酵好的生物菌（微生物发酵装置发酵）进行调节。

（3）高频率（每7天1次）喷施苗勃蕾旺+一水硫酸锌1 000倍液。

在能够看到盐碱地泛盐的时间，进行高频率（用智能球阀）滴水滴肥，调酸用777，剩下的肥料需要使用固体肥料液化器来提高吸收率。

因为盐碱地落花落果现象非常普遍，所以，我们一般采用农药滴灌器来进行农药的滴入工作。

土壤盐碱化治理是一个世界性难题，全世界盐渍化土壤面积约10亿公顷；我国盐渍土面积约3 460万公顷，盐碱化耕地760万公顷。新疆盐碱化耕地约133.33万公顷，近1/3耕地盐碱化，其中80%以上为土壤次生盐碱化。

新疆除伊犁河谷、阿勒泰地区和塔城部分地区盐碱化较轻以外，其他地区土壤均有不同程度盐碱化，天山南麓、塔里木盆地西部各灌区最为严重，一些耕地由于次生盐碱化加重而被迫成为弃耕地。

盐碱危害造成大量耕地低产和农民贫困，使大面积土壤资源难以利用，农业综合生产能力下降，严重影响农业生产发展和农民生活水平的提高。

新疆耕地土壤盐碱化蔓延，若得不到有效控制和治理，将制约绿洲灌溉农业可持续发展。

几十年来，国家和地方投入大量的人力、财力和物力改造盐碱地，收到了较好的治理效果。随着我国盐碱地改良技术和研究的不断发展，在土壤盐分成因规律和特征、农田节水灌溉水盐运行机理、盐碱地改良利用技术措施等诸多方面都有新的发展和突破，取得了新的成果。

盐碱地改良利用实践证明，盐碱地预防和治理是一个系统的综合治理工程，也是一个循序渐进逐步显效的过程。

在改良盐碱土的各项措施中，从盐碱地的整治力度、排盐效果和推广使用范围来看，在多种盐碱地改良技术方法中，利用工程排水洗盐是一项重要的水利技术措施，只有健全排水设施，其他措施才能充分发挥作用。

但如上所述，因为条件限制，更适合新疆地区的做法是让植物在盐碱地存活下来，而不是完全靠排水洗盐。

三、盐碱地的基础知识

虽然老百姓把含盐含碱量较高的土壤统一称为盐碱地，但是这些土壤在分类上还是有一定区别的。

我们国家现行的土壤分类系统采用土纲、亚纲、土类、亚类、土属、土种、亚种7级分类制，其中土类和土种作为基本分类单元。

（一）分类原则

有了土壤的分类原则，就有了一定的分类依据。

土壤分类和调查是认识土壤的基础，是进行土地评价、土地利用规划、土壤改良利用和因地制宜推广农业技术的依据，也是耕地地力提升和测土配方施肥的重要基础。

土壤分类应能确切地反映土壤本身发生、发育和分布的规律，以及土壤肥力的特征或状况。所以，应综合考虑成土条件（自然的和人为的）、成土过程及其属性（包括剖面形态和理化性质等）。

1. 发生学原则

土壤分类的理论基础就是土壤发生学理论。土壤是在五大成土因素（母质、生物、气候、地形、时间）和人为因素影响下变化着的客体。

所谓变化着的客体是指其不断演化发展，包括空间和时间范畴的演变。土壤发生、发育、演变可高度概括为一句话：土壤与其环境相统一。土壤发生学原则是土壤分类的基本原则。

2. 统一性原则

土壤是一个整体，耕种土壤是在自然土壤基础上发展起来的，具有发生上的联系。坚持土壤统一形成观点，用统一性原则来制定统一的分类系统。由于对水稻土的发生分类已有较好的基础，故作为一个独立的土类纳入土壤分类系统中。

3. 综合指标原则

自然界存在的土壤实体是土壤演变的历史长河中相对静止的片刻的具体反映。因此，土壤类型是可以实际进行观察测定的实体，而并不是凭借成土因素的影响，或成土过程等抽象概念推断得来的。

这就是说土壤分类必须根据土壤实体所反映的种种标志，进行测定研究，采用综合指标原则加以区别鉴定。土壤实体中的种种标志是土壤发生、发育的方式或程度的外在反映，是由成土因素和成土作用产生的。它反映了基本土体同外界的物质和能量的交流和交换的结果，也就是物质和能量的迁入（加入）和迁出（流出），移动和固定，分解和合成，分散和集中，蚀变和更新等，这些变化都是可以测定的。因此，建立在土壤标志的系统研究基础上的土壤分类，可以找到比较具体的分类指标。

为了正确处理“中心概念”和“边界概念”之间的关系，既要考虑成土因素、成土过程和土壤属性的分类指标，又要考虑特征层和其特性的分类指标；既要考虑分类的定性指标，又要考虑分类的定量指标及其变幅。这样在一定程度上能防止分类的随意性或主观性，增强科学性。

以上述的分类原则，我们国家给土壤做了具体分类。

（二）土壤分类

1. 土纲

土纲是土壤分类系统的最高单元，是土类共性的归纳，其划分突出土壤的成土过程、属性的某些共性，以及重大环境因素对土壤发生性状的影响。例如：淋溶土纲各类土壤以石灰充分淋溶，土壤呈酸性、弱酸性，有明显的淋淀黏化过程为其特点；钙层土纲中的各土类以均有钙的淋溶淀积成土过程为其特点；盐碱土纲的共同特征是易溶性盐与钠离子在土壤中累积所产生的特有土壤性状。

2. 亚纲

亚纲是在同土纲内根据土壤明显水热条件差别所形成的土壤属性的重大差异来划分的。如：半淋溶土纲中半湿热境的燥红土、半湿暖境的褐土、半湿温境的灰褐土、灰色森林土，其共性是半淋溶土范畴，但属性上有明显差异。又如：盐碱土纲的盐土、碱土两亚纲有盐分累积与钠质化程度的差异。

3. 土类

土类是土壤高级分类的基本分类单元，它是根据土壤主要成土条件、成土过程和由此发生的土壤属性来划分的。同土类土壤应具有某些突出的、共同的发生属性与层段。如栗钙土、棕钙土，虽同具有土壤腐殖质层和钙积层，但其腐殖质层的厚度、有机质的含量、钙积层出现的深度与厚度、碳酸钙的含量均有明显差异，据此划分相应土类。

4. 亚类

亚类是反应土类范围内较大的差异性。它是依据在同一土类范围内土壤处于不同的发育阶段或土类之间的过渡类型来划分的。后者在主导成土过程以外尚有一个附加的次要成土过程。如褐土中的褐土性土、褐土、淋溶褐土，是依据褐土不同发育阶段划分的，潮褐土是褐土向草甸土过渡类型。再如，白浆化黑土是黑土向白浆土过渡类型。亚类的土壤发生学特征及改良方向等方面比土类具有更大的一致性。

5. 土属

土属是由高级分类单元过渡到基层分类单元的一个中级分类单元，具有承上启下的作用。它是依据某些地方性因素不同而使土壤亚类的性质发生分异来划分的。如土壤母质及风化壳类型、水文地质状况、中小地形和人为因素等。

6. 土种

土种是土壤分类系统中基层分类的基本单元。同一土种处于相同或相似的景观部位，其剖面形态特征在数量上基本一致。所以同土种土壤应占有相同或近似的小地形部位，水热条件也近似，具有相同的土层层段类型，各土层的厚度、层位、层序也相一致，剖面形态特征、理化性质相同或近似。由于同一土种具有一致的理化性状、生物习性，因此其宜耕适种性及限制因素均相一致，并且具有一致的生产潜力。

7. 亚种

亚种过去称为变种，它是土种范围内的细分，是土种某些性状上的变异，一般以表层或耕作层某些变化，如耕性、养分含量、质地变异来划分，这些变异要具有相对的稳定性。亚种的划分对指导农业生产起到重要的作用。

我国现行的土壤分类系统共分了12个土纲，32个亚纲，61个土类，200多个亚类。

我国现行的土壤分类系统是在第二次土壤普查丰富的汇总材料的基础上，对以前土壤分类系统进行修改和完善建立起来的，它相对于以往的土壤发生分类系统更为合理。

我国现行的土壤分类属于发生学分类体系。世界上另一个主要的土壤分类体系是以美国土壤系统分类为代表的诊断土壤分类体系，其指导思想是以土壤本身性质为分类标准的定量化分类系统。

（三）盐碱地的具体分类

盐土和碱土是指土壤含有可溶性盐类，而且盐分浓度较高，对植物生长直接造成抑制作用或危害的土壤。

盐（碱）土纲被分为盐土和碱土两个亚纲，其中盐土又被分为盐土、漠境盐土、酸性硫酸盐土、寒原盐土和滨海盐土等土类。盐（碱）土一般又称为盐渍土，是盐土和碱土的总称。

1. 盐土

我国盐土的分布地域广泛，主要分布在北方干旱、半干旱地带和沿海地区。除滨海地区外，其土壤蒸发量和降水量的比值均大于1，盐渍发生的气候条件是蒸发量大于降水量。土壤及地下水中的可溶性盐则随上升水流到达地表，经蒸发、浓缩而积累于地表，形成盐斑、盐壳及积盐层。在西北内陆地区盐土呈大面积分布。

2. 碱土

碱土是由于土壤中含有较多的交换性钠离子而使土壤呈碱性反应的盐渍土。碱土在我国的分布从最北的内蒙古呼伦贝尔高原栗钙土区一直到长江以北的黄淮海平原潮土区，从东北松嫩平原草甸土到山西大同、阳高盆地、内蒙古河套平原到新疆的准噶尔盆地，均有局部分布，地跨几个自然生物气候带。我国碱土的总面积不大，且呈零星分布。碱土常与盐土或其他土壤组合分布，盐（碱）土主要分布在降雨量小于蒸发量的干旱、半干旱、半湿润地区及受海水影响的滨海地区。

3. 盐碱土的分类

盐碱土：盐土与碱土以及各类盐化、碱化土壤统称盐渍土或盐碱土。

盐土：土壤中含大量的易溶性盐分的土壤，当土壤表层含盐量超过0.2%时即属盐土。

碱土：土壤胶体中含交换性钠较多（碱化度达15%或20%）的土壤。其主要特征是：呈强碱性反应（pH8.5～11）；胶体高度分散，干时收缩坚硬板结，湿时膨胀泥泞；结构性差，通透性不良；含盐量不高。

盐（碱）土的主要成土过程是盐化过程或碱化过程。

当土壤中的中性盐大量积累达到一定浓度后，在毛管作用下，盐分随水上升到地表，表层土壤中的盐分达到一定含量后，植物无法生长。主要的盐分是氯化物和硫酸盐，土壤pH为中性，称为盐土。

碱土是因碱化作用形成的，土壤在碱性水溶液的作用下，产生钠盐，使土壤胶体发生钠—钙交换，当土壤胶体上的钠离子达到一定比例，土壤的pH大于9.0，土壤呈强碱性，土壤物理性质变坏，植物无法生长，就形成碱土。

第六章

高产相关的仪器设备

一、农药滴灌器

图6-1　农药滴灌器

使用农药滴灌器的优势如下：

（1）没有机械损伤困扰。很多农户在喷施药剂的时候，出现的最大问题就是机械损伤，尤其是现蕾之后吊喷，再遇到高温天气，落花落蕾非常严重。农药滴灌器可以完美解决这个问题。

（2）没有花粉败育问题。在棉花生长后期，尤其是花期，其他喷施方法经常造成花粉败育。这个问题，农药滴灌器也完美解决。

（3）节省费用。大多数农户在大面积喷药的时候，是没有自己的机械的。请他人喷药，每年的成本较高。而农药滴灌器可以有效解决这个问题。

农药滴灌器是除机械喷雾、无人机飞防之外第三种农民可以选择的药剂处理方式，也是未来可能会大面积推广的方式。

二、固体肥料液化器（药肥水一体化二次稀释工具）

在滴灌的过程中，我们最头疼的是肥料混合不匀的问题。肥料混合不匀包括肥料水溶解速率的问题、肥料施用时间的问题，是一个综合问题。

现在的滴灌方案有两种，一种是固体肥料滴灌，一种是液体肥料滴灌。两种方式各有优缺点。

固体肥料的养分足，检测简单，不易掺假，效果好；缺点就是施用经常不均匀。

液体肥料使用方便，营养施用均匀；但是在营养需求高峰期容易脱肥，尤其在高温天气易落花落果，而且人为造假很难监测。

有没有一个方案可以兼有固体肥料和液体肥料的优点，而去除其缺点呢？有，就是使用固体肥料液化装置，把液体肥料厂“搬到田间地头”。

固体肥料液化装置既满足了植物对养分的需求，又满足了施肥时人们对施入均匀和操作方便的需求。

三、微生物发酵设备

化肥，有机肥，微生物肥这三种我们常用的肥料中，只有微生物肥是可以繁殖的。

长期以来，由于部分营销人员的误导，许多人误以为微生物肥是万能的，甚至能替代所有肥料，或迅速治疗植物病害。但这些承诺往往未能兑现，导致农户对微生物肥产生了极大的抵触情绪。

然而，在自然界中，微生物扮演着至关重要的角色，它们分解死亡的植物和动物残体，转化为养分供新一代植物生长，是维持生态平衡和土壤肥力的关键。没有化肥的自然界依然能够郁郁葱葱，其中的功劳离不开微生物。

对于新疆等地的棉田，由于开垦自荒地，土壤中的有机质和微生物含量较低，因此人为补充微生物肥显得尤为重要。但问题在于，目前市场上的微生物肥价格高昂，农户难以承受大量使用的成本。为了解决这一难题，我们可以考虑在田间地头进行微生物发酵，以降低成本并提高应用效率。

田间地头发酵是一种可行的方案，它类似于我们日常生活中的发酵馒头。首先，要确保使用的菌落纯度高，避免不同菌种之间的相互干扰。其次，培养基要经过灭菌处理，以防止杂菌的繁殖。基于这些原则，我们已经在新疆棉田成功实施了类似的方案。

棉护士发酵方案：

1千克棉护士+10千克培养基+100千克水，在恒温36℃条件下，搅拌发酵48小时后，添加100克复硝酚钠施用。

这一方案成本较低，可以有效促进根系周围的微生物环境优质化，同时可以有效分解棉秆等残体，为植株提供更多的营养，可以有效解磷活钾，促进肥料吸收，还能起到一定的抗病功效。

四、智能球阀

高温干旱是影响棉花产量的重要因素。高温会导致棉花蒸腾作用增强，水分散失过快，影响棉花的正常生长和产量。而干旱则会导致土壤水分不足，影响棉花的生长和发育。

尽管遥控球阀的价格较高，但其对于解决高温干旱条件下棉花灌溉问题具有重要意义。通过远程控制，可以实现更精确的灌溉管理，提高水资源利用效率。

第七章

棉花田间常见病虫草害介绍

一、杂草

实际上，杂草只是生错了地方。让我们咬牙切齿的杂草，其实很多都是中药，是有利用价值的。因为除草剂的使用，近些年在农户田间，也仅有三种杂草较为常见了。

（一）龙葵

图7-1　龙葵

龙葵（*Solanum nigrum* L.），茄科茄属一年生草本植物，俗称小苦菜、野海椒等。但我叫它野葡萄。小的时候，我进地里摘棉花，躺在棉花袋子上面吃龙葵的果实，吃得满手黑乎乎的。

龙葵是非常重要的中药。唐代的《新修本草》称龙葵为苦菜，这一名称体现了其性味。四气五味之中，“苦能坚阴”，也可以清热解毒。

（二）香附子

香附子（*Cyperus rotundus* L.）是被子植物门莎草科莎草属植物，茎稍细、基部块茎状。叶稍多、平展、棕色；花小穗斜展、线形，小穗轴为白色透明较宽的翅，卵形或长圆状卵形，中间绿色、两侧紫红或红棕色；花柱细长呈三棱状，果鳞片稍密覆瓦状排列，花期5～11月。

图7–2　香附子

香附子具有调经止痛、疏肝理气、祛风除湿等功效，是一种常见的中药材，性平、微苦。

这个东西在棉花田间，是很难防治的。我们一般建议用抗草甘膦品种种植后，再喷施草甘膦进行处理。

（三）田旋花

图7–3　田旋花

田旋花（*Convolvulus arvensis* L.）是旋花科旋花属的多年生草本植物。株长可达1米；具木质根状茎，茎平卧或缠绕，繁殖方式是根茎或者种子。

田旋花全草皆可入药，味辛，性温。据记载，田旋花“止痒，止痛，祛风”，主治风湿痹痛、牙痛、神经性皮炎。

二、虫害

（一）蚜虫

蚜虫是一种具有孤雌生殖能力的昆虫。这意味着雌性蚜虫在不需要与雄性交配的情况下，就能自行繁殖后代。

此外，蚜虫是动物界中极为罕见的能够进行光合作用的成员。它们体内能够合成类胡萝卜素，这种色素能够吸收来自太阳的能量，并用于自身能量合成。这种能力使得蚜虫在理论上可以“不吃不喝”。

这些特性使得蚜虫的防治非常困难，只要“斩草不除根”，就会“春风吹又生”。

最近几年出现了很多优秀的药剂，使得这个问题逐步得到了缓解。但仍要注意抗药性的问题。

新疆蚜虫种类比较多，我们一般统称其为棉蚜。大体上一年发生15～20代，其卵在杂草、乔木和灌木等寄主上越冬。第二年春季，越冬寄主发芽后，越冬卵孵化为干母体。干母在越冬寄主上以孤雌胎生繁殖2～3代，然后产生有翅胎生雌蚜。4～5月迁入棉田，危害刚出土的棉苗。5～6月为棉蚜为害高峰期，至秋末由于寄主衰老，又迁回越冬寄主，产生有翅性母，雌雄蚜交尾后产生卵，在越冬寄主上越冬。

（二）红蜘蛛

红蜘蛛是老百姓对叶螨的俗称。新疆常见的叶螨有9种，其中主要有土耳其斯坦叶螨（*Tetranychus turkestani*）、敦煌叶螨（*Tetranychus dunhuangensis*）和截形叶螨（*Tetranychus truncatus*）等。北疆各棉区以土耳其斯坦叶螨为主，南疆各棉区以敦煌叶螨为主。最近几年，二斑叶螨虫害也有高发的趋势。

图7-4　土耳其叶螨发育图

红蜘蛛的繁殖速度非常快，触杀和胃毒的农药如果不能直接喷施到它们身上，往往无法彻底防治。所以，解决红蜘蛛为害问题的最佳方案是预防。

（三）棉铃虫

棉铃虫是鳞翅目夜蛾科棉铃虫属昆虫，又名钻桃虫、钻心虫等。体色多变，一般雌成虫黄褐色或灰褐色，雄成虫灰绿色；前翅中横线由肾状斑下斜伸至后缘，末端达环形斑的正下方；肾状斑和环形斑及外横线深褐色；后翅灰黄色，翅脉褐色，外缘具茶褐色宽带，带中间有2个白色斑点，宽带上具月形斑。在中国各棉区均有分布。

成虫具夜出性，白天多栖息在植株丛间叶背、花冠等阴暗处，傍晚开始活动。杂食，寄主种类众多，除为害棉花外，还为害玉米、小麦、高粱等多种栽培作物和多种野生植物。

成虫多在夜间羽化，羽化后当夜即可交配，一生可交尾1～5次。羽化后5天左右开始产卵，产卵期一般5～10天。雌蛾平均怀卵量超过1 200粒。

针对棉铃虫的预防，现在以黑光灯、性引诱剂等为主。在优质农药被广泛使用的今天，棉铃虫暴发的可能性偏低；但是随着抗药性增加，部分棉区也存在暴发棉铃虫害的风险。

（四）棉蓟马

图7-5　蓟马为害症状

蓟马的名字来源于其栖息环境。缨翅目昆虫有许多种类常栖息在大蓟、小蓟等植物的花中，因此得名蓟马。

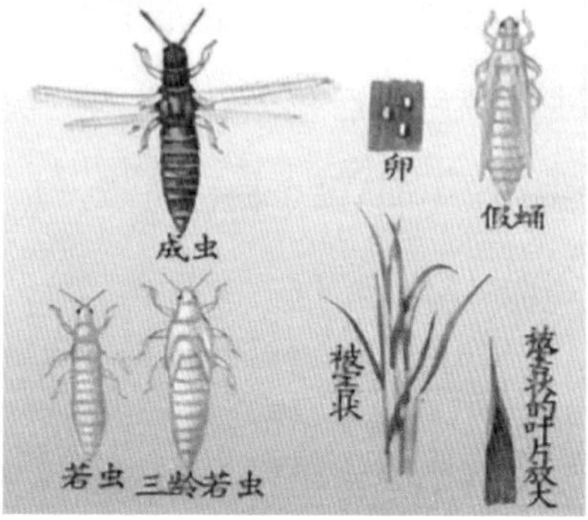

图7-6　蓟马及植物被害状

叶片受蓟马为害后变硬卷曲枯萎，叶面上有密集的小白点或长条状斑块，后期叶脉变黑褐色。花器受害初为出现白斑，后期变褐色，逐渐枯萎。果实受害会产生疤痕，严重时造成落果。

蓟马分布在中国各地，主要栖息于葫芦科、豆科、十字花科、茄科作物上。蓟马成虫怕强光，多在背光场所集中为害，阴天、早晨、傍晚和夜间才在寄主表面活动。喜欢温暖干旱的天气。

蓟马成虫和若虫锉吸植株幼嫩组织汁液为食，具有趋嫩性，主要取食植物的新梢、新叶、嫩芽、嫩茎、花和幼果等幼嫩组织。

蓟马的雌成虫主要通过孤雌生殖，偶有两性生殖，极难见到雄虫。

在新疆棉区，开春的棉蓟马和秋季的花蓟马为害比较严重。苗期的蓟马一般用肉眼看不到，而花期的

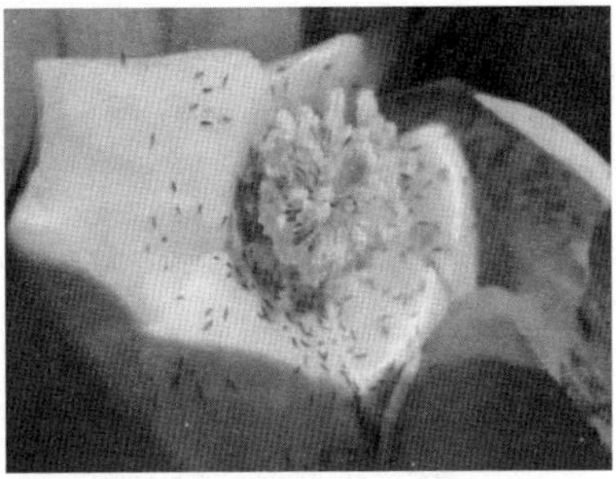
图7–7　蓟马为害棉花的花

蓟马会引发人的密集恐惧症。

在蓟马的预防方面，由于蓟马对于蓝色有趋性，所以可以在田间设置蓝色粘板，诱杀成虫。此外，还可以采用药剂进行防控。当然，防控需要提前进行，等到发现再防控，就太迟了。

三、病害

棉花的病害比较多，常见的有立枯病、根腐病、灰霉病、角斑病、褐斑病、软腐病、叶烧病、黑果病、疫病等。对于前期病害，包衣剂一般可以起到很好的防控作用。

近些年因为气候问题，黑果病和疫病在新疆棉区有所发生，但枯黄萎病仍是新疆棉区的主流病害。

（一）棉花枯黄萎病

棉花枯黄萎病又叫“半边黄”、萎蔫病等，都属于土传维管束病害。病菌危害棉株输导组织，造成全株发病，病株由于水分的输送受阻表现出萎蔫症状，同时叶片、株形等表现异常。

1. 棉花枯萎病

病原为半知菌亚门镰孢属尖镰孢萎蔫专化型真菌，该病通常在棉花苗期开始发病，是典型的维管束病害。 病菌主要危害植株维管束及叶片等部位，发病棉株表现为棉株植株矮小、节间缩短，顶端或局部侧枝枯死、叶片出现黄色网纹和局部枯焦或脱落、叶缘向下卷曲。秋季病势进一步加重，从叶片顶端向下枯死脱落，形成“顶枯”，随着病情加重，发展成光秆；剖开茎秆，维管束变成黑褐色。

2. 棉花黄萎病

病原为半知菌亚门轮枝孢属大丽轮枝菌，该病通常自棉花花蕾期开始发生，一般从下部叶片开始发病，逐渐向上蔓延，果枝上的病叶由内向外发展，病叶叶脉及附近叶肉仍表现绿色，叶片边缘稍向上翻卷。

发病严重时，整个叶片枯焦破碎，只留叶脉，呈“鸡爪状”。后期叶片萎蔫、下垂，脱落成光秆。病株一般不矮缩，还能结少量棉铃。纵剖病茎，木质部为褐色。

3. 区别

枯萎病是由下向上发展，也可沿顶端向下发展形成“顶枯症”，而黄萎病的症状是自下而上逐渐发展，一般不形成顶枯；枯萎病病叶全部或局部叶脉褪色变黄，最后全叶变黄枯焦脱落，黄萎病病叶叶脉及附近叶肉仍表现绿色，叶片边缘稍向上翻卷，但不易脱落；枯萎病其根、茎维管束为黑褐色，但黄萎病为褐色。最为明显的区别是；黄萎病叶呈“西瓜叶状”或“鸡爪状”斑。

（二）棉花日灼病、棉花黑果病及棉花疫病

1. 棉花日灼病

棉花日灼病大多数是花蓟马损害棉铃后造成的。花蓟马为害后形成虎纹斑，棉铃顶部开裂后，虎纹斑（类似于人的伤口结痂）无法随

图7–8　向阳面的虎纹斑

棉铃内部一起生长，造成非自然开裂。一般在顶部棉桃向阳的一面出现，所以俗称日灼病。

建议采用农药滴灌器进行预防控制。

2. 棉花黑果病

该病为害棉铃。病菌只侵染棉铃，致全铃受害。铃壳初淡褐色，全铃发软，后铃壳呈棕褐色，僵硬多不开裂，铃壳表面密生突起的小黑点即病菌分生孢子器。发病后期铃壳表面布满煤粉状物，棉絮腐烂成黑色僵瓣状。

病原为棉色二胞（*Diplodia gossypina* Cooke），属半知菌亚门真菌。分生孢子器黑色，埋生于表皮下，顶端有孔口。分生孢子梗细，不分枝。分生孢子椭圆形，初无色，单胞，成熟时黑褐色，双胞。

一般来说，这种病害与虫害和机械损伤关系较大。

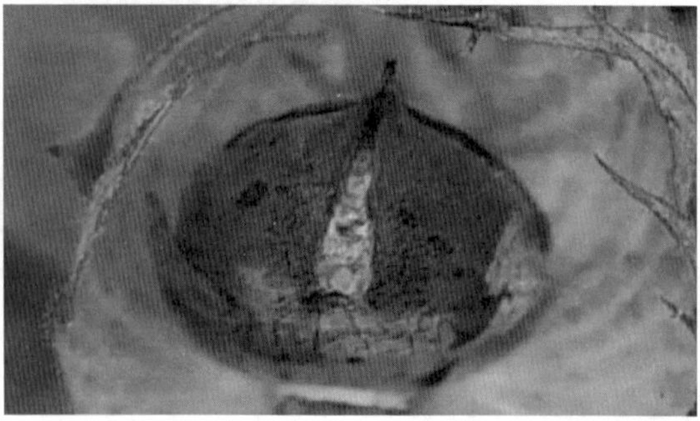

图7–9　棉花黑果病

3. 棉花疫病

棉花疫病是棉花的重要病害。整个生育期均可发病，苗期和铃期尤为突出，可引起大量死苗和烂铃，严重影响棉花生产。

铃期发病，在棉株中、下部果枝的棉铃上发生，多雨天气也能到达上部果枝的棉铃。

病害多从棉铃苞叶下的果面、铃缝及铃尖等部位开始发生。初生淡褐、淡青至青黑色水浸状病斑，病斑不软腐，湿度大时病害扩展很快，整个棉铃变为有光亮的青绿至黑褐色病铃。多雨潮湿时，棉铃表面可见一层稀薄白色霜霉状物，即病菌的孢囊梗和孢子囊。

发生疫病的棉铃很快会诱发其他铃病，使病铃表面成为红、黄、灰、黑等不同颜色，掩盖了疫病的症状。尚未发育成熟的青铃发病，易腐烂或脱落，有的成为僵铃。疫病发生晚者虽铃壳变黑，但内部籽棉洁白，及时采摘剥晒或天气转晴仍能自然吐絮。

图7–10　棉花疫病

（三）红叶茎枯病

红叶茎枯病是生理性病害，与枯黄萎病症状相似，但是不是枯黄萎病。在新疆棉区的发病的时间多数是8月初。

红叶茎枯病和缺钾有关，但不仅仅是缺钾造成的，和根系的呼吸也有关系。

在7月底8月初暴雨前1周左右，迅速滴入磷酸二氢钾；在暴雨前3天喷施花果三宝+一水硫酸锌1 000倍液，可以有效防控红叶茎枯病。

其典型的识别特征是：

（1）开始发病时，叶片边缘稍带黄色，叶肉组织褪绿，除叶脉及其附近保持绿色外，其余均呈紫红色或红褐色（“叶脉仍保持绿色”是其典型特征之一）。

（2）病情较重时，全叶均呈红褐色或褐色，边缘向下卷曲，叶片自下而上干枯凋落，终致全株枯死。

（3）病叶大多是自下而上、从外向内发展，也有的病株症状是自上而下变红或先变黄再变红，有时可出现叶柄基部变软，失水干缩，致使叶片萎蔫下垂现象。

（4）病株根系发育不良，主根短而细，常为“鸡爪根”，支根、侧根数量和长度显著减少，且颜色深褐色，尖端变褐色或腐烂。

（5）掰开茎秆，维管束不变色（与枯黄萎病明显不同）。

（6）叶片枯落时，茎秆顶部呈干焦状，蕾铃大量脱落。发病早的，可以结少数小铃。

近些年，红叶茎枯病已经造成棉花的严重减产，所以需要大家认真面对。

参 考 文 献

[1] 褚天铎，等. 化肥科学使用指南[M]. 北京：金盾出版社，2008.

[2] 冯浔. 新疆小麦优质高产栽培技术[M]. 乌鲁木齐：新疆科技卫生出版社，1998.

[3] 纪从亮. 棉花高产优质高效栽培实用技术[M]. 北京：中国农业出版社，2002.

[4] 郑斐能，洪锡午，韩德元，等. 农药使用技术手册[M].北京：中国农业出版社，2000.

[5] 吴文君. 农药学原理[M]. 北京：中国农业出版社，2000.

[6] 杨华铮，邹小毛，朱有全，等. 现代农药化学[M]. 北京：化学工业出版社，2013.

编后语

很多时候，农业不被人重视，但是其关系国计民生。我很庆幸我在做农业。看着农户一个个脱贫致富，笑容在他们脸上浮现，我总有一种特别的感触。

绝大多数农民文化水平比较低，这个是社会现状。所以这本书涉及实操内容的部分，我们尽量按照农民能看懂的语言写。

记得几年前，房地产价格暴涨的时候，有些学者讨论将耕地转变为流动的房产用地，以平衡房价。有人问起吃饭问题怎么解决，他们回答：向国外购买。

作为农业从业者，我有点无语。

当国外的粮价节节攀升的时候，我们国家的粮食还是处在低位的价格，使大量的民众不必为买不起粮食而担忧。这除了我国政府的大力扶持之外，还与很多很多的农民在田间地头的辛苦付出有关。

农业是国民经济的基础。无论是现在还是将来，衣食总是人最基本的需求。正所谓“仓廪实而知礼节，衣食足而知荣辱”。

农业科技人员可以说是促进国民经济发展的中流砥柱。很多人问我们：你们起早贪黑到农民地中所做的服务，有什么意义吗?

我们说，有一种行为，叫作信念；有一种心态，叫作责任。

我们执着地认为，为农民提高产量而服务，是我们的责任。我们全心全意为降低农民投入、提高作物产量、增加农民收入而努力奋斗着。

为农民省钱，使作物增产，为农民提高收入，就是我们为农民服务的目的所在。

为农民服务，是我们的责任，是我们的宗旨，是使我们前仆后继、众志成城的信念，也是我们农业科技人员的集体精神，是我们长久以来的传统。岁月流逝，人员更迭，但为农民服务永远是根植于农业科技人员灵魂深处的目标。

技术服务的抖音号（抖音扫描）：

微信视频号（微信扫描）：

致富 农多收

扫描二维码，关注我的视频号

要加盟农多收工作站，可以微信扫描下方二维码报名。我们一直努力做好提高产量、降低投入、增加农民收入的方案。